KB119853

딱 하루만
수학자의
뇌로 산다면

MATHMATTERS

크리스 워링 지음
고유경 옮김

딱 하루만 수학자의 뇌로 산다면

복잡한 일상의 현명한 결정을 돕는 수학자의 생각법

위즈덤하우스

차례

4부

쇼핑은 즐거워

5부

휴식을 즐겨요

6부

잠자리에 들 시간

용어 정리

가속도acceleration : 주어진 시간의 속도 변화

겉넓이surface area : 입체도형을 이루는 모든 면의 넓이의 합

공식formula : 수학 또는 과학 법칙을 나타내는 방정식이나 부등식

광자photon : 가시광선을 비롯해 전자기파 스펙트럼을 이루는 무질량 입자

교점node : 그래프 위의 점

구sphere : 공 모양 입체도형

급수series : 각 항을 더하여 나타낸 수열, 즉 주어진 수열의 합

등식equation : 등호가 있는 식

리터litre : 보통 액체의 양을 측정할 때 사용하는 부피의 단위

면적area : 평면이 차지하는 크기

밀도density : 물질의 질량을 부피로 나눈 값으로, 물질 고유의 특성을 나타내는 양

바이트byte : 8비트

반지름radius : 원의 중심에서 가장자리까지의 거리

발사체projectile : 발사되거나 던져지거나 발포된 무동력 물체

백분율percentage : 기준량 100일 때의 비율

부등식inequality : 방정식과 비슷하지만 수나 식이 같지 않음을 나타낸 식

부력buoyancy : 액체에 잠긴 물체를 들어 올리는 힘

부피volume : 입체도형이 공간에서 차지하는 크기

비트bit : 0과 1, 두 수로 이루어진 숫자 단위

빗변hypotenuse : 직각삼각형에서 가장 긴 변

사면체tetrahedron : 4개의 삼각형 면으로 이루어진 입체도형

섭씨celsius : 물의 끓는점과 어는점을 기준으로 한 온도 단위

수열sequence : 수학적 규칙에 따라 나열한 숫자 목록

식expression : 수학적 기호, 숫자, 문자로 이루어진 식

십이면체dodecahedron : 12개의 면으로 이루어진 입체도형

알고리즘algorithm : 작업을 완료하거나 문제를 해결하는 명령이나 수학적 절차

열량calorie : 일반적으로 음식이나 음료에 사용하는 에너지 단위

원주circumference : 원 한 바퀴의 거리, 원의 둘레

이십면체icosahedron : 20개의 면으로 이루어진 입체도형

이진법binary : 컴퓨터와 기타 디지털 기기에서 사용하는 계산 체계로, 0과 1, 두 숫자로 수를 나타내는 방법

전개expand : 다항식으로 이루어진 괄호 식을 곱하여 펼치는 것

줄joule : 에너지 단위

중력gravity : 지구와 물체가 서로 끌어당기는 힘

중력 가속도g : 지구 표면에서 중력 때문에 생기는 가속도로, 항상 $9.81m/s^2$

지름diameter : 원의 양 끝과 중심을 지나는 선분

직육면체cuboid : 직사각형 모양의 면 6개로 둘러싸인 입체도형

진공vacuum : 물질이 거의 또는 아예 없는 영역, 텅 비어 있는 공간

진동수frequency : 주어진 시간에 반복 운동이 일어난 횟수

진폭amplitude : 파동의 최고점과 최저점의 차이

질량mass : 물체를 구성하는 물리적 물질의 양을 나타내는 척도

축axis : 수직선. 보통 직각으로 만나는 두 수직선으로 그래프나 도형을 나타내는 좌표 평면을 만든다.

춘분, 추분equinox : 낮과 밤이 같아지는 때

파장wavelength : 파동의 정점에서 다음 정점까지의 거리

팔면체octahedron : 8개의 면으로 이루어진 입체도형

포물선parabola : $y = x^2$ 그래프 꼴로 주어지는 곡선

하지, 동지solstice : 낮이 가장 길 때(하지) 또는 가장 짧을 때(동지)

항term : 수열 또는 급수를 이루는 수나 문자로 이루어진 식

확률probability : 어떤 사건이 일어날 가능성

회전revolution : 완전한 360°를 그리며 빙빙 도는 것

rpm : 분당 회전수revolutions per minute의 줄임말

수학자의 일러두기

우리는 하루에도 수천 가지 결정을 내린다. 어떤 결정은 이 책을 선뜻 집어 열심히 탐독하는 것처럼 적극적이고 의도적이다. 또 어떤 결정은 본능적이고 즉흥적이어서 결정을 내리고 있다는 사실조차 깨닫지 못한다. 이러한 결정은 경험이나 직감, 논리, 또는 이 세 가지 모두가 바탕이 된다. 이 중 논리, 그러니까 수학은 이 모든 선택의 길잡이가 된다.

이 책의 목적은 일상 속 수학을 살펴보고 이를 뒷받침하는 방정식과 알고리즘, 공식, 정리의 광대한 세계를 보여주는 것이다. 수학이 없다면 커피를 끓이거나 자전거를 타거나 직원을 고용하거나 심지어 잠을 잘 수도 없다.

이 책을 따라가는 동안 꼭 알아야 할 수학 개념은 내가 모두 설명할 테니, 학교를 떠난 이후 이 모든 개념을 떠올려본 적조차 없더라도 걱정 붙들어 매길 바란다. 어쩌면 일상 속 수학을 조금이라도 이해하는 매우 강렬한 경험을 하게 될 것이다. 아주 작고 소소한 정보가 일상 활동의 결과를 크게 좌우한다는 경이로움뿐 아니라 삶을 더 잘 통제할 수 있다는 자신감을 만끽하게 될지도 모르겠다.

본문을 시작하기에 앞서 몇 가지 기본 개념을 짚어보겠다. 이 부분을 먼저 읽을 필요는 없지만, 수학 지식을 가득 채우고 싶다면 한번 들춰보는 걸 추천한다.

비

비는 수학 선생님이 전체와 부분의 관계를 비율로 나타낼 때 사용하는 개념이다. 예를 들어 보라색 페인트를 만들려면 빨간색 페인트 5개와 파란색 페인트 7개를 섞어야 한다. 이때 수학자는 빨간색 페인트와 파란색 페인트 수의 비를 5:7로 나타낸다.

비는 요리 레시피와 달리 특정 양에 의존하지 않으므로 특히 유용하다. 작은 벽 한 면을 칠하든 헛간의 넓은 한 면을 칠하든 항상 같은 비로 칠할 수 있다.

겉넓이와 부피

3차원 도형은 공간을 차지한다. 직육면체 상자를 생각해 보자. 상자 안의 공간을 둘러싸는 면은 총 6개다. 이 6개 면의 넓이의 합을 겉넓이라 하고, 각 면은 평면도형이므로 cm^2, m^2 등의 제곱 단위로 측정된다. 상자의 부피는 상자가 공간에서 차지하는 크기를 말하며, 이 공간은 3차원이므로 cm^3, m^3 등의 세제곱 단위로 측정된다. 간단한 예를 들어보겠다.

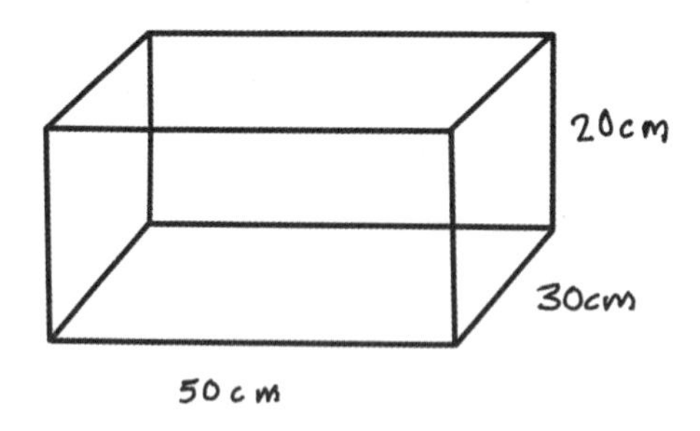

이 상자의 가로 길이는 50cm, 세로 길이는 30cm, 높이는 20cm다. 상자를 둘러싸는 모든 직사각형 넓이의 합이 이 상자의 겉넓이가 된다. 직사각형의 넓이는 (가로 길이)×(세로 길이)이고, 이 상자에는 세 쌍의 직사각형이 있다.

$$50 \times 30 = 1{,}500\text{cm}^2$$

$$50 \times 20 = 1{,}000\text{cm}^2$$

$$30 \times 20 = 600\text{cm}^2$$

따라서 상자의 겉넓이는 $2 \times (1{,}500 + 1{,}000 + 600) = 6{,}200\text{cm}^2$이다. 상자의 부피는 가로 길이와 세로 길이, 높이를 곱하여 구한다.

$$\text{부피} = 50 \times 30 \times 20$$

$$= 30{,}000\text{cm}^3$$

도형의 모양에 따라 겉넓이와 부피를 계산하는 방법이 다르지만, 필요에 따라 다뤄볼 예정이다.

원과 구

원과 구는 사실상 흔히 볼 수 있으므로 그 기하학적 구조가 어떻게 이루어져 있는지 파악하는 게 좋다. 우선, 꼭 알아두어야 할 용어들이 있다. 원의 중심에서 가장자리까지 거리를 반지름이라고 한다. 또 반지름 길이의 2배이자 원의 중심을 가로지르는 선분을 지름이라 부른다.

사람들은 오래전에 원주(원둘레의 길이)를 지름으로 나누면 원의 크기에 상관없이 항상 같은 숫자가 나온다는 사실을 알아냈다. 이 숫자는 3보다 조금 더 큰 소수로, 소수점 이하 여덟 번째 자리까지 나타내면 3.14159265이고, 수학의 다양한 분야에서 등장한다. 소수점 이하의 숫자가 반복되지 않고 영원히 계속되므로 그리스 문자 π(파이)로 표현한다.

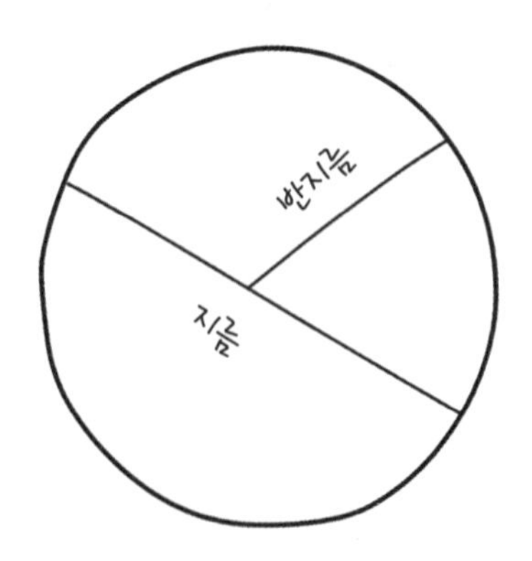

이 문자를 보면 항상 웅장한 삼석탑으로 이루어진 스톤헨지가 떠오른다. 스톤헨지 그 자체도 동심원으로 설계되었다.

원의 넓이는 π와 반지름 길이의 제곱을 곱한 값이다. 따라서 πr^2이다. 원주는 π와 지름의 길이를 곱해 구한다. 지름의 길이는 반지름 길이의 2배므로, $2\pi r$로 나타낼 수 있다.

구의 겉넓이와 부피를 구하는 공식은 다음과 같다.

$$\text{구의 겉넓이} = 4\pi r^2$$

$$\text{구의 부피} = \frac{4\pi r^3}{3}$$

지수와 제곱근

몇몇 지수의 예는 이미 앞에서 보았다. 지수는 수나 문자의 오른쪽 위에 있는 작은 숫자다. 예를 들어 cm^2, r^3에서 2와 3이 지수다. 지수는 주어진 수의 거듭제곱을 나타낸다. 5×5×5를 더 간결하게 쓰고 싶다면, 5^3으로 쓰면 된다. 지수가 2인 숫자는 제곱수, 지수가 3인 숫자는 세제곱수라고 부른다.

제곱근은 지수의 역이다. 5의 제곱이 25라면, 25의 제곱근은 5이다. 즉, 처음 출발한 수로 되돌아가면 된다. $5^3=125$

이면, 125의 세제곱근은 5다. 제곱근을 나타낼 때는 루트라는 기호를 사용한다.

$$\sqrt{100} = 10$$

세제곱근 이상의 제곱근을 나타낼 때는, 루트에 숫자를 추가한다.

$$\sqrt[3]{8} = 2$$

피타고라스의 정리

직각삼각형은 세 변의 길이 사이에 특별한 관계가 있다. 직각삼각형의 가장 긴 변은 빗변으로, 항상 직각과 마주 보고 있다.

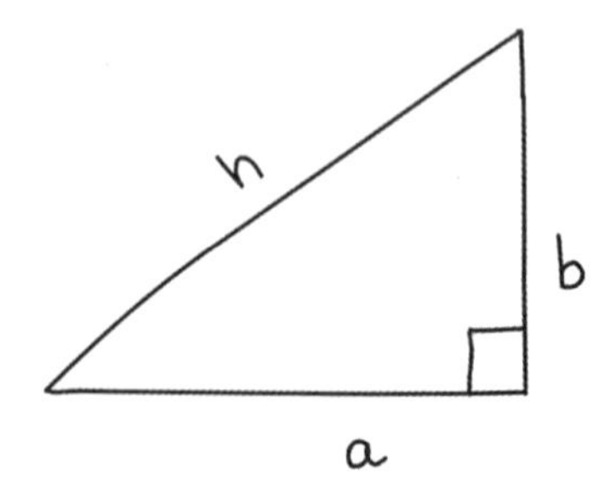

피타고라스의 정리를 알면 두 변의 길이로 나머지 한 변의 길이를 구할 수 있다.

$$h = \sqrt{a^2 + b^2}$$

만약 구하려는 길이가 빗변의 길이가 아니라면, 다음과 같이 응용할 수 있다.

$$a = \sqrt{h^2 - b^2}$$

속력, 거리, 시간

속력과 거리, 시간을 구할 때는 두 가지 조건을 고려해야 한다. 가속도와 무관할 때와 그렇지 않을 때다. 가속도와 무관하다면 학교에서 배운 간단한 공식, 속력=거리÷시간을 이용하면 된다.

런던에서 640km 떨어진 에든버러까지 기차로 6시간 달렸다면, 기차의 속력은 640÷6=107km/h이다. 사실 이 값은 평균 속력이다. 알다시피 기차는 빨리 달려야 하고, 도중에 역마다 정차해야 하며, 오르막길에서는 조금 느려질 수 있다. 가속도를 사용하면 공식이 조금 어려워진다. 가속도가 일정하면, 다음 공식을 이용할 수 있다.

$$v = u + at$$

$$v^2 = u^2 + 2as$$

$$s = ut + \frac{1}{2}at^2$$

$$s = \frac{1}{2}(u+v)t$$

이 등식에서 u는 처음 속력, v는 나중 속력, a는 가속도, s는 거리, t는 시간이다.

밀도

아주 오래된 수수께끼가 있다. 깃털 1t과 벽돌 1t 중 어느 것이 더 무거울까? 아마 무심코 벽돌이라고 생각했을지도 모르겠다. 분명히 말하면, 깃털 1t과 벽돌 1t은 질량은 같지만, 벽돌의 밀도가 깃털보다 훨씬 높다. 따라서 벽돌 1t의 부피는 깃털 1t의 부피보다 작다.

질량과 밀도, 부피 사이에는 다음과 같은 관계가 성립한다.

$$밀도 = 질량 \div 부피$$

수학자나 과학자라면 적어도 질량과 무게의 차이만큼은 주목할 가치가 있다. 일상 대화에서는 두 단어를 서로 바꿔 사용해도 무방하지만 질량과 무게는 의미와 가치가 미묘하게 다르다. 질량은 물체를 구성하는 원자와 분자를 킬로그램 등으로 측정한 값이다. 무게는 질량을 가진 물체에 작용하는 중력의 크기로, 뉴턴 단위로 측정된다. 만약 우리가 달에 간다면, 우리의 질량은 같겠지만 달의 중력이 지구보다 작으므로 몸무게는 줄어들 것이다. 지구에서 무게를 구하는 공식은 다음과 같다.

$$W = mg$$

여기서 W는 무게, m은 질량이다. g는 중력 가속도로, 약 $9.8m/s^2$이다. 경험에 비추어보면, 뉴턴 단위로 무게를 구할 때는 킬로그램 단위의 질량에 10을 곱하면 된다.

방정식의 그래프

사진 한 장이 천 마디 말보다 가치가 있다고 한다. 아마 수학자에게는 그래프 하나가 숫자 천 개 만큼의 가치가 있을 것이다. 방정식은 두 수 사이의 관계를 나타내는 데 사용된다. $y=x+1$을 예로 들어보자. 이 관계식은 매우 간단하다. 숫자 x가 무엇이든, y는 x보다 1 크다는 것을 말해준다. 이 관계는 그래프로도 알 수 있다. 보통 그래프의 가로축은 x값, 세로축은 y값을 나타낸다. 예를 들어 x축에 있는 값에서 2를 골랐다면, y값은 2보다 1 크므로, 3이어야 한다. 이제 이 점을 그래프에 표시해보자. x는 2, y는 3인 점을 찾으면 된다.

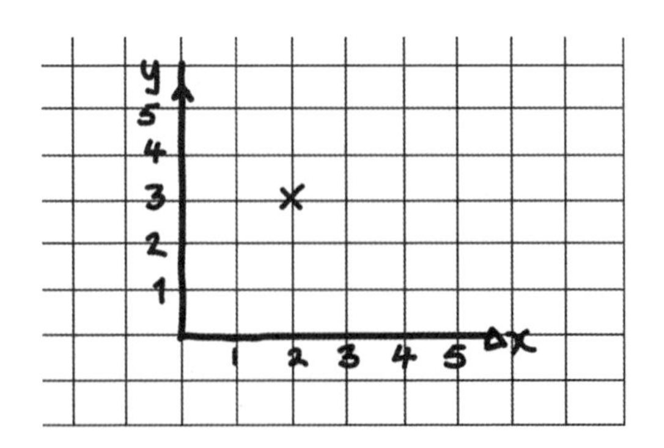

수학자는 이 점을 좌표로 나타낸다. 따라서 위 그래프에 점 (2, 3)을 표시했다. 방정식 $y=x+1$을 지나는 다른 점들도 표시할 수 있다. 모든 점을 표시한 뒤 선으로 연결하면 다음 그래프와 같다.

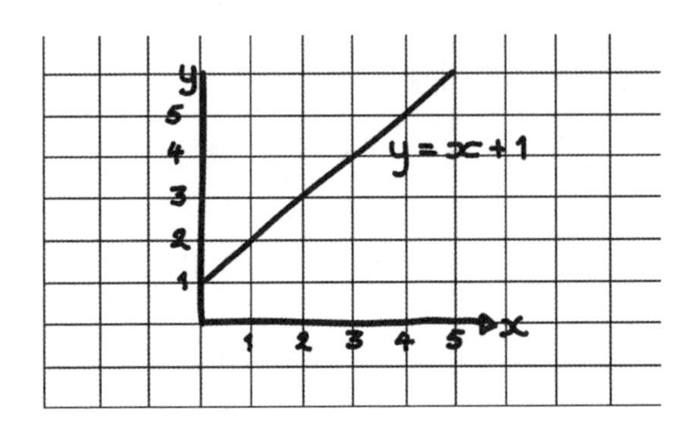

그래프는 방정식이 참이 되는 무수한 점을 빠르게 볼 수 있어 유용하다. 좌표축은 음의 영역으로 확장할 수 있고, 좌표 평면에 2개 이상의 그래프를 그리기도 한다. 그래프가 꼭 직선일 필요도 없다. 예를 들어 다음 그림처럼 $y=2^x-5$의 그래프를 추가할 수 있다.

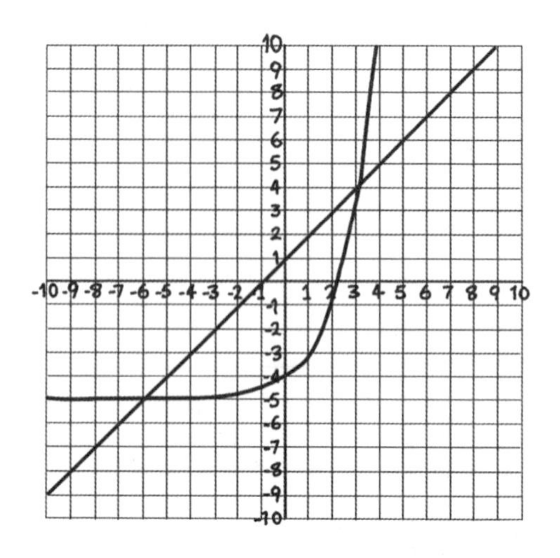

두 그래프가 만나는 점은 두 방정식이 동시에 참인 곳을 보여주므로 방정식의 공통근을 구하는 문제를 풀 때 그래프를 이용하면 편리하다.

확률

확률은 특정 사건이 일어날 가능성을 수로 나타낸 것이다. 보통 확률은 0(절대 일어나지 않음)에서 1(반드시 일어남)까지의 소수 또는 분수, 백분율로 나타낸다. 일부 확률은 수학적으로 계산할 수도 있다. 이 경우에는 분수로 나타낸다. 즉, 특정 사건이 일어날 경우의 수를 모든 경우의 수로 나눈 것이다. 예를 들어 면이 6개인 주사위 1개를 굴려 홀수가 나올 확률을 구한다면, 홀수가 나올 경우의 수는 3개(1, 3, 5)고, 모든 경우의 수는 6개(1, 2, 3, 4, 5, 6)다. 따라서 이 확률은 3÷6이므로, 0.5나 $\frac{1}{2}$, 또는 50%라고 쓸 수 있다.

부등식

우리는 이따금 수학 문제의 답을 정확히 알아낸다. 예를 들면 내가 생각하는 어떤 숫자의 절반이 7이라고 한다면, 그 숫자가 14라는 것을 바로 알 수 있다. 그런데 내가 어떤 숫자의 절반이 7보다 크다고 한다면, 그 숫자를 딱 짚어낼 수는 없어도 14보다 큰 숫자에 해당한다고 말할 수 있다. 내가 생각한 미지수를 n이라고 하면, 첫 번째 경우는 $n=14$라고 쓸 수 있을 것이다. 두 번째 경우는 부등호를 사용해 $n>14$라고 쓰면 된다.

여기서 주목할 점은 n이 14가 될 수 없다는 것이다. 만약 n의 범위에 14를 포함하고 싶다면, $n\geq14$라고 쓴다. 부등호

아래에 있는 선은 두 값이 같을 수도 있다는 뜻이다.

부등호를 2개 이상 사용할 수도 있다. 만약 내가 생각한 숫자가 4보다 크지만 9보다 작거나 같다면, $4<n\leq9$라고 쓸 수 있다.

삼각비

원주를 원의 지름으로 나눈 값이 항상 같다는 사실을 알아냈듯이, 사람들은 직각삼각형에 있는 두 변 사이에도 일정한 관계가 있음을 찾아냈다. 내각의 크기가 서로 같은 직각삼각형은 두 변의 길이를 나눈 값이 항상 같다는 사실을 말이다.

이 값들은 삼각비 표로 정리되어 있으며, 삼각형의 한 변의 길이나 한 각의 크기를 알면 삼각비 표를 이용해 나머지 변의 길이나 각의 크기를 구할 수 있다. 요즘에는 계산기에 삼각비 표가 프로그래밍되어 있다. 주로 사용하는 세 가지 주요 삼각비는 사인(sin), 코사인(cos), 탄젠트(tan)고, 세타(θ)는 각도를 나타낸다.

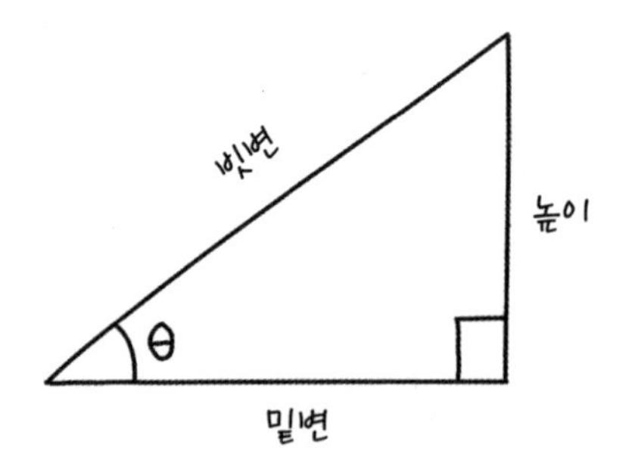

$$\sin\theta = \frac{\text{높이}}{\text{빗변}}$$

$$\cos\theta = \frac{\text{밑변}}{\text{빗변}}$$

$$\tan\theta = \frac{\text{높이}}{\text{밑변}}$$

한 각의 크기와 각도와 한 변의 길이를 알고 있다면 이 공식을 이용해 다른 한 변의 길이를 구할 수 있다. 만약 두 변의 길이로 각의 크기를 알고 싶다면, 삼각비 표를 역이용하거나 역삼각비를 이용하면 된다.

$$\theta = \sin^{-1}\left(\frac{\text{높이}}{\text{빗변}}\right)$$

$$\theta = \cos^{-1}\left(\frac{\text{밑변}}{\text{빗변}}\right)$$

$$\theta = \tan^{-1}\left(\frac{\text{높이}}{\text{밑변}}\right)$$

이것으로 이 책을 들여다보기 위한 준비 과정은 끝났다. 기억하시라. 필요하다면 언제든 다시 이 부분으로 돌아와도 된다. 이제 몇 가지 아침 활동과 그 바탕을 이루는 수학으로 하루를 시작해보자.

1부

바쁜 아침엔 수학이 필요해

잠에서 깨어나는 순간부터, 수학은 우리의 하루 대부분에 영향을 준다. 여기에서는 아침에 마시는 커피 한 잔과 헬스장 운동에 숨어 있는 수학의 원리를 살펴보고, 샤워실에서 울리는 소리가 매력적인 이유를 알아본다.

1장

완벽한 모닝커피를 위한 계산

사람들은 어떨지 모르겠지만, 나는 모닝 커피를 마시기 전까지는 완전히 멍해서 정신을 차리지 못한다. 비몽사몽 그 자체다. 그래서 심술궂은 알람 소리를 잠재우고 나면 어기적어기적 비틀거리며 아래층으로 내려온다. 의식은커녕 척추도 거의 없는 것 같다. 물을 끓이는 동안 커피 추출기와 그 외 필요한 것들을 모두 꺼낸다. 마침내 그 향긋한 첫 모금이 입안을 그윽하게 적시면 마법이 시작된다.

나만 이럴까. 세계 인구의 약 35%가 매일 커피를 마신다. 그중 북유럽 사람들이 커피를 가장 많이 마신다. 미국은 성인의 60%가 커피를 즐긴다. 전 세계에서 매년 40억 잔씩이 기적의 액체를 마시고 있으며, 커피 산업의 가치는 무려 1,000억 파운드(약 165조 원)가 넘는다. 커피는 콩을 재배하는 농부에서부터 커피 원액을 내리는 바리스타에 이르기까지 1억 명 이상의 사람에게 일자리를 마련해준다.

커피는 15세기 후반 북아프리카와 아라비아반도에서 주로 생산했다. 당시 사람들은 염소와 새가 즐겨 씹던 에티오피아 지방 고유의 덤불에 맺힌 붉은 열매로 음료를 발명했다. 사람들 입맛을 사로잡은 이 놀라운 음료는 중동 이민자들이 수많은 도시에 커피 하우스를 열며 1600년대에 유럽에 상륙했다. 이때부터 카페 문화가 유행하며 세계 곳곳에서 커피나무를 재배하기 시작했다.

커피가 유행하기 전 유럽에서는 주로 알코올음료를 즐기는 편이었다. 알코올음료의 양조 과정 덕분에 장티푸스나 콜레라와 같은 불쾌한 질병에서 해방되었지만, 술은 지능을 떨어뜨리는 심각한 부작용을 가져왔다. 반면에 커피는 기억력과 집중력을 높이는 효과가 있어 커피 하우스는 계층이나 재산을 불문하고 온갖 지식인의 만남의 장소가 되었다. 과학자, 경제학자, 정치인, 혁명가 등이 온종일 커피 하우스에서 대화를 이어갔고, 누구든 대화에 동참할 수 있었다. 일부 역사학자들은 17세기와 18세기에 꽃피운 지식 운동, 계몽주의가 이러한 커피 하우스에서 시작되었다고 말한다.

커피와 물은 얼마나 넣을까?

커피 추출에 얽힌 수학은 매우 복잡하다. 그래서 커피처럼, 물론 혈액이나 수프도 마찬가지지만, 걸쭉하고 덩어리진 액체를 모형화하고 그 이동 방식을 연구하는 수학적 노력이 계속되고 있다. 우선 가장 간단한 개념부터 살펴보자. 맨 먼저 커피 추출기에 커피를 얼마나 넣어야 할까? 나처럼 중간 농도의 커피를 마시고 싶다면, 커피와 물의 비를 조절해 커피 농도를 조절하면 된다. 질량에 따라 커피와 물의 비에 다양한 변화를 줄 수 있다. 심장이 울렁거릴 만큼 진한 커피를 마시고 싶다면 1:10, 덜 자극적인 연한 커피를 마시고 싶다면 1:16으로 맞추면 된다. 따라서 같은 양의 카페인을 섭취하기 원한다면, 연한 커피를 더 많이 마셔야 할 것이다. 확실히 물을 적게 넣을수록 커피의 풍미는 더욱 강렬해진다.

비는 어떻게 작용할까? 나는 실험을 통해 커피 1g당 물 13g이 내게 잘 맞는다는 사실을 알아냈다(내가 좀 괴짜다). 따라서 이 비는 1:13으로 나타낼 수 있다. 비는 비교 대상이 같다면(예를 들어 질량과 질량, 부피와 부피 등), 특정 단위에 얽매이지 않아 좋다. 커피 가루 1g과 물 13g을 쓰든, 커피 가루

1온스와 물 13온스를 쓰든, 비가 같으므로 같은 농도의 커피를 마실 수 있다. 커피와 물의 단위가 같다면, 나는 좋아하는 농도의 커피를 언제든 즐길 수 있다. 톤 단위로 재든, 중국의 무게 단위 리앙兩(1리앙은 50g에 해당하는 양이다)으로 재든 상관없다.

하지만 추운 겨울 아침에 잠옷 바람으로 서서 커피 1g을 계량하겠다고 커피 가루를 만지작거리고 싶지는 않다. 비가 아름다운 이유는 확장하기 쉽다는 점에 있을 것이다. 비의 각 항에 0이 아닌 같은 수를 곱하면, 숫자는 달라져도 상대적인 비율은 같다. 예를 들면 내가 이상적으로 생각하는 커피와 물의 비 1:13 각 항에 20을 곱하면, 20:260이 된다. 다시 말해 커피 가루 20g을 넣으면 물은 260g을 부어야 한다는 뜻이다. 보통 물은 질량이 아닌 부피, 즉 무게가 아니라 양으로 따진다. 물 1g은 1mL의 부피와 같으므로, 나는 260mL의 물을 커피포트에 넣어야 한다. 그러면 약 260mL의 커피를 얻을 수 있다. 이 정도 양이면 우유도 약간 첨가할 수 있어 맛있는 커피 한 잔이 되기에 충분하다.

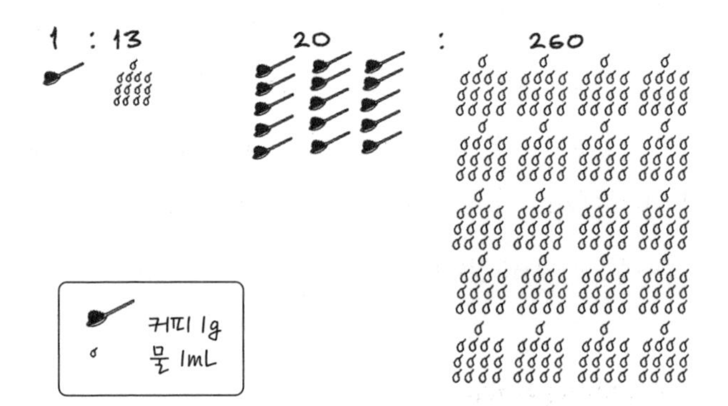

아침마다 간신히 눈을 뜨고 커피 20g을 재는 일도 상당히 성가시다. 그냥 커피포트에 커피 가루 한 숟가락을 떠 넣는 게 훨씬 쉽다. 커피 가루를 디저트 숟가락 가득 담으면 약 12g이다. 그렇다면 물은 얼마나 넣을까? 1:13이라는 원래 비로 따지면, 커피 가루의 13배에 달하는 물이 필요하다. 따라서 커피 가루가 12g이므로 물은 12×13=156g이 필요하고 12:156이라는 비가 나온다. 이 정도 커피의 양은 커피 가루가 20g일 때보다 분명 적다. 커피를 두 숟가락 넣는다면 어떨까? 그러면 물의 양도 2배 늘어나므로 24:312가 된다. 이렇게 하면 내가 원하는 농도의 커피도 마실 수 있고, 커피 잔도 충분히 가득 채울 수 있다. 만족스럽다. 매일 아침 저울을 꺼내지 않고도 하루를 여유롭게 시작할 수 있다니. 물론 여전히 적당량의 물을 붓고 끓이는 데 주의해야겠지만, 취향에 딱 맞는 크기의 커피 추출기를 이용한다면, 물의 양을 판단하는 데 도움이 될 것이다.

커피 지식을 높이자

커피에 몹시 진심인 사람을 한 명쯤 알고 있을 것이다. 어쩌면 너무 심각하게 진지할지도 모른다. 에스프레소 기계를 갖고 있거나 사향고양이 대장에서 탄생한 명품 커피를 즐길 수도 있다. 내가 수학적으로 커피에 좀 더 진지해진다면, 간단하게 설정한 커피와 물의 비에 다른 변수들을 끌어올 수 있을 것이다. 커피 가루 대신 원두로 커피 가루의 순도를 바꾸는 건 어떤가. 커피 끓이는 시간을 바꿔보거나 물 온도를 조절할 수도 있다.

커피는 1,800개 이상의 물질을 함유한 만큼 화학적으로 꽤나 복잡한 녀석이다. 뜨거운 물이 커피 가루와 상호작용을 하는 동안, 일부 물질은 다른 물질보다 더 빨리 용해된다.

만약 커피 내리는 시간이 짧으면, 맛이 연해질 뿐 아니라 빨리 녹는 성질의 신맛은 더 강해질 것이다. 너무 오랫동안 내리면, 서서히 녹는 쓴맛의 화학물질이 커피를 완전히 장악할 것이다. 커피 내리는 시간이 짧지도 길지도 않은 딱 알맞은 상황에서는 신맛과 쓴맛이 잘 어우러져 좋은 커피의 특징인 부드럽고 풍부한 캐러멜 맛이 난다.

분쇄한 커피 가루의 크기도 맛에 영향을 준다. 더 곱게 분쇄할수록 굵은 가루일 때보다 더 빨리 커피를 추출할 수 있다. 리머릭대학의 수학자들은 한결같은 풍미의 커피를 만드는 과학을 연구해왔다. 그래서 커피 로스팅 유형과 사용한 물의 화학 성분은 물론 추출 방법까지 고려해 전체 과정을 방정식 체계로 모형화했다. 이 복잡한 수학적 모형 덕분에 물리적으로 커피를 추출하지 않고도 다양한 조합을 시험할 수 있었다.

수학자들은 또한 분쇄 크기와 관련하여 중요한 발견을 했다. 수많은 카페가 아주 곱게 원두를 분쇄한다. 고운 가루는 에스프레소 기계와 잘 맞는다. 에스프레소 기계는 매우 뜨거운(하지만 펄펄 끓지 않는) 물을 높은 압력으로 커피 가루에 통과시켜 아주 강렬한 에스프레소 '샷'을 추출한다. 하지만 수학적 모델에 따르면 지나치게 고운 커피 가루는 서로 잘 뭉쳐 훨씬 더 큰 과립처럼 반응하므로 결국 잘 녹지 않는다. 따라서 이 문제를 해결하려면 약간 더 굵은 커피 가루를 사용해야 한다. 그렇게 하면 필요한 커피양이 줄어든다. 그 결과 고객들은 더 좋은 커피를 즐기고, 카페는 커피 원두를 더 적게 사용하므로 커피 산업이 환경에 미치는 영향도 줄어든다.

상쾌한 아침을 여는 모닝커피

커피를 마시면 슈퍼히어로라도 된 것처럼 활력이 넘친다. 하지만 실제로 슈퍼히어로와 같은 능력을 얻으려면 얼마나 많이 마셔야 할까?

굳이 만화적 상상을 하지 않더라도, 카페인은 중추 신경계에 작용해 여러 가지 효과를 내는 자극제다. 이 자극제는 우리 몸을 투쟁-도피fight or flight 반응 상태로 만들어 아드레날린이 혈류로 방출되게 한다. 아드레날린은 심박 수와 혈압을 올리고, 폐기량을 좋게 한다. 또한 동공을 확장해 더 많은 빛을 받아들이고, 혈액을 주요 근육으로 보낸다.

영락없는 슈퍼히어로다.

카페인의 다른 기능도 있다. 카페인은 아데노신이라는 호르몬과 뇌의 상호작용을 방해한다. 주의력에 영향을 미치는 아데노신은 우리가 깨어 있는 동안 뇌에 축적되는데, 뇌가 아데노신을 많이 찾아낼수록 더 졸린 느낌이 든다. 카페인을 섭취하면 뇌가 아데노신을 감지하지 못하므로, 잠이 확 달아나 정신이 초롱초롱해지고 까다로운 수학 문제에도 기꺼이 도전할 기운이 샘솟는다.

그래서 나는 커피를 마시면 훨씬 민첩해지고 총명해진다. 반응도 매우 빠르고 힘이 펄펄 난다. 하지만 내가 만약 눈에서 레이저 빔을 쏘는 것처럼 제대로 된 초능력을 갖고 싶다면 어떻게 해야 할까?

일반 손전등은 넓게 퍼지는 다양한 파장의 빛(보통 색깔로 알아본다)을 방출한다. 레이저에서 나오는 빛은 모두 같은 파장이며, 같은 방향으로만 이동한다. 고양이들이 즉각 반응을 보일 만한 좁고 멋진 지점이 생기는 것이다. 빛은 에너지의 한 형태이므로, 강력한 레이저는 물건을 태우거나 자르는 데 사용할 수 있다. 레이저 시력 교정술은 이 원리를 이용해 안구를 아주 미세하게 잘라낸다. 하지만 내가 바라는 건 눈에서 레이저가 나왔으면 하는 것이다.

수학 영웅 QED('증명 종료'라는 라틴어.— 옮긴이)가 숙적 게서('추측하는 사람'이라는 뜻.— 옮긴이)의 사악한 손아귀에서 조수 스퀘어루트('제곱근'이라는 뜻.— 옮긴이)를 구해야 한다고 상상해보자. 스퀘어루트는 게서의 화산 본부인 용암 웅덩이 위에 매단 강철 상자에 갇혀 있다. 오로지 QED의 눈에서 나오는 레이저 빔만이 그 강철을 처리할 수 있다!

레이저는 세기로 측정한다. 강철을 절단할 수 있는 레이저 절단기의 전력 소요량은 약 5,000와트에 달한다. 와트는 전력 단위로, 1와트는 1초 동안 1줄(J)의 에너지를 사용했을 때의 전력이다. 따라서 QED의 레이저 빔은 매초 5,000줄의

레이저 에너지를 열에너지로 바꿔 강철을 절단할 수 있어야 한다. 줄은 무엇일까? 줄은 원래 회로의 전하를 나타내는 에너지 단위였는데, 현재는 에너지 표준 단위로 사용된다.

QED가 강철 상자에 스퀘어루트가 탈출할 만한 구멍을 뚫는 데 30초가 걸린다고 하자. 즉, 30×5,000=150,000J(150kJ)이 필요하다. 그렇다면 커피를 얼마나 마셔야 할까? 음, 블랙커피 한 잔은 보통 약 5kcal(킬로칼로리)다. 칼로리는 음식에 사용하는 에너지 단위로, 1kcal는 4,184J에 해당한다. 그래서 5kcal 커피 한 잔으로 얻는 에너지는 5×4,184=20,920J이다. 따라서 150,000J의 에너지를 얻으려면, 150,000÷20,920=7.17잔을 마셔야 한다.

블랙커피 7.17잔이면 꽤 많은 양이라 QED는 벌렁거리는 심장을 부여잡고 숙적과 대결하고 싶은 생각이 없다. 만약 QED가 우유를 섞으면 어떨까? 잠깐 우리 집 냉장고에 있는 우유를 꺼내 살펴보니 100mL당 276,000J의 에너지를 낼 수 있다. 단 100mL로 블랙커피의 약 10배에 달하는 에너지를 얻을 수 있다니! 만약 QED가 20mL의 우유를 커피에 첨가한다면, 20mL는 100mL의 5분의 1이므로, 276,000÷

5=55,200J의 에너지로 무장할 수 있다. 따라서 밀크커피 한 잔당 55,200+20,920=76,120J이 된다. 이제 QED는 150,000÷76,120=1.97잔의 커피를 마시면 된다. 훨씬 부담 없이 결투를 벌일 수 있다.

만약 QED가 나중에 쓰려고 여분의 레이저 에너지를 남겨두고 싶다면, 밀크커피에 설탕을 첨가하면 된다. 각 컵에 황설탕 두 작은술을 더하면 60kcal가 늘어날 것이다. 이 열량을 줄로 환산하면 60×4,184=251,040J이므로, 달콤한 밀크커피 두 잔을 마시면 최대 2×76,120+251,040=403,280J이 생긴다. 403,280÷5,000=80.6초면 레이저 빔을 쏘는 데 충분한 시간이다. 받아라, 게서!

커피 추출기

헝가리 수학자 알프레드 레니Alfréd Rényi와 에르되시 팔Erdős Pál는 이렇게 말했다.

"수학자는 커피를 이론으로 바꾸는 기계다."

두 수학자 모두 커피를 무척 즐겼을 뿐 아니라 이론도 많이 고안했다. 그러니 만약 수학이 어렵다고 생각되면, 수학 문제를 풀기 전 커피 한 잔을 꼭 마셔보기를!

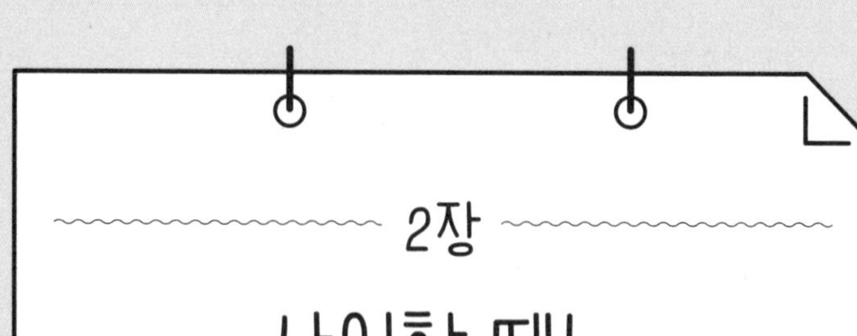

2장

샤워할 때는 록 발라드를

몹시 간절했던 커피가 내 의식을 거의 인간답게 끌어올리고 나면, 나는 샤워실로 향한다. 인간은 누구나 물에 끌린다. 우리는 바다나 강, 호수 근처에서 여가를 즐기고, 그 근처에 살기 위해 기꺼이 비용을 지불한다. 수영장에서 첨벙거리고, 개울가에 마구 뛰어들고, 공원 스프링클러 속에서 뛰노는 걸(물론 이런 놀이는 유아들의 전유물이지만) 좋아한다. 우리가 왜 그토록 물을 좋아하는지는 잘 모르겠지만, 인간은 헤엄치는 유인원의 후손이라는 것에서부터 물이 안전하고 따뜻한 자궁을 떠올리게 한다는 등 다양한 이론이 존재한다.

참 신기한 물

물질은 대부분 얼거나 굳으면 수축하므로 부피가 줄어든다. 하지만 물은 아니다. 물은 얼면 부피가 늘어난다. 강추위에 배관이 파열하는 이유다. 얼음은 같은 양의 물보다 더 많은 공간을 차지하므로 밀도가 낮아 물에 둥둥 뜬다. 이건 중요한 사실이다. 얼음은 단지 콜라를 시원하게 하기 위한 용도가 아닌 것이다. 알다시피 지구상의 생명체는 바다에서 시작되었고, 지구는 여러 차례 빙하기를 거쳤다. 물 위에 떠 있는 얼음 덕분에 그 아래 바닷속 생명체가 생존할 수 있다. 얼음이 가라앉으면, 해저 생명체가 파괴되고 바다도 차갑게 얼어붙을 것이다. 유빙은 사실 그 아래 바닷물을 보호하며 차가운 해저 세계가 1년 내내 생명을 유지하게 해준다.

물의 이상한 점은 또 있다. 표면 장력이 대단히 강하다는 사실이다. 표면 장력은 액체 '피부'에 있는 힘을 말한다. 액체 내부에 있는 분자들은 극성으로 알려진 전하의 차이 때문에 3차원 공간에서 서로를 끌어당긴다. 극성이 있다는 건 모든 방향으로 똑같이 끌어당겨진다는 뜻이다. 액체 표면에 있는 분자들은 위에서 끌어당기는 힘이 약하다. 그래서 그 아래 분자들을 따라 액체 속으로 빨려 들어간다. 이러한 안쪽 당김이 액체의 구성 요소에 따라 표면에 각기 다른 힘을 발생시킨다. 물은 실온에서 액체 상태의 금속인 수은 다음으로 표면 장력이 크다. 실제로 물보다 밀도가 높은 작은 물체를 표면에 조심스럽게 놓으면 둥둥 떠다니게 할 만큼 물은 장력이 강하다. 어릴 적 학교에서 했던 물방울 위에 클립을 올리는 실험을 떠올려보자. 그리고 물벌레나 소금쟁이와 같은 곤충이 어떻게 물 위에서 미끄러지듯 앞으로 나아가는지 생각해보자.

놀랍고 대단한 구

물의 표면 장력이 구형의 물방울을 만든다. 앞서 살펴봤듯 액체 표면의 힘은 안쪽으로 끌어당기며 물 표면적을 최대한 작게 만든다. 주어진 부피에서 겉넓이가 가장 작은 도형은 무엇일까? 우선 부피와 겉넓이를 구하기 쉽게 한 모서리의 길이가 1cm인 정육면체를 보자.

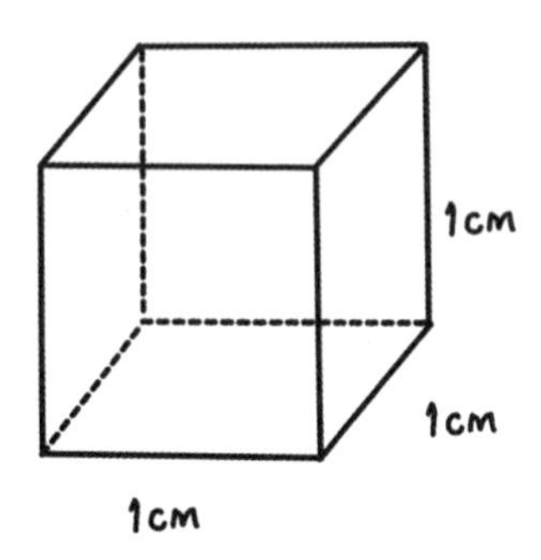

이 정육면체는 한 모서리의 길이가 1cm이므로 부피는 $1cm^3$이다. 정육면체의 겉넓이는 모든 면의 넓이를 더해서 구한다. 각 면은 넓이가 $1cm^2$인 정사각형이므로, 면 6개 넓이의 합, 즉 겉넓이는 $6cm^2$다.

이제 면의 개수가 훨씬 적은 도형과 비교해보자. 정삼각뿔 또는 정사면체는 각 면이 모두 합동인 정삼각형 4개로 이루어진 입체도형이다.

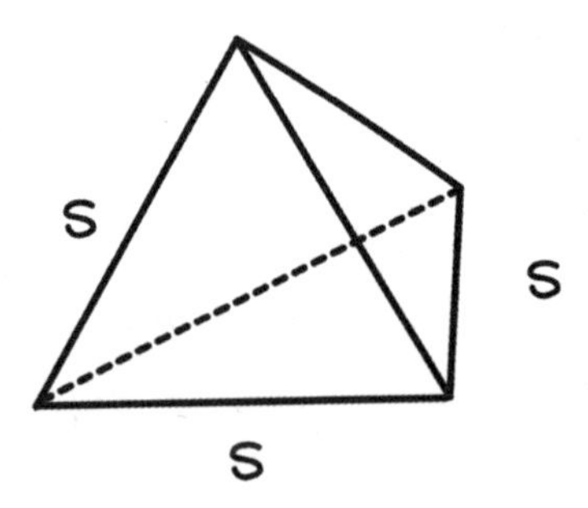

이 도형의 부피가 $1cm^3$가 되려면, 겉넓이는 정육면체의 겉넓이보다 큰 $7.21cm^2$여야 한다.

다시 말해 면의 수를 줄이면 겉넓이가 늘어난다는 사실을 보여준다. 따라서 면의 수를 늘리면 겉넓이는 줄어든다. 자, 이제 정육면체에서 정이십면체로 넘어가보자.

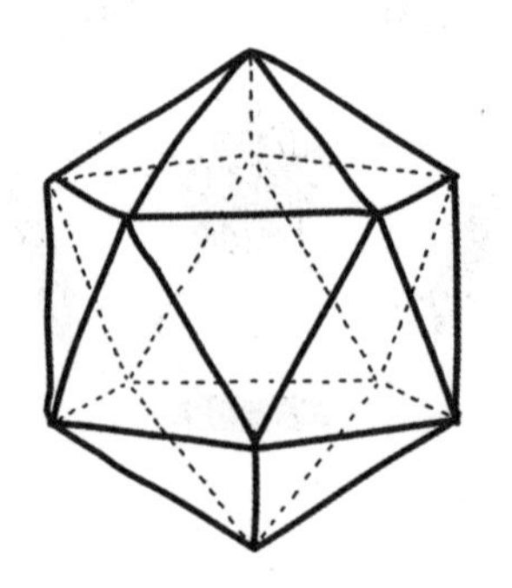

정이십면체도 정사면체처럼 모든 면이 정삼각형으로 이루어져 있다. 부피가 $1cm^3$인 정이십면체의 겉넓이는 $5.15cm^2$다. 예상보다 훨씬 작은 수치다.

수학적으로 완전히 정확하지는 않지만, 부피가 일정할 때 입체도형의 겉넓이는 면이 많을수록 작다. 반대로, 면의 수가 적어지면 입체도형의 겉넓이는 커지게 된다. 하지만 면이 20개가 넘어가면 모든 면이 똑같은 입체도형을 만들 수 없다. 가령 축구공은 일반인에게 얼핏 32개의 똑같은 면을 가진 도형처럼 보이지만, 수학자에게는 뾰족한 정점을 평면으로 자른 정이십면체로 여겨진다.

한없이 면의 수를 늘리면, 점점 구처럼 보이는 입체도형이 된다.

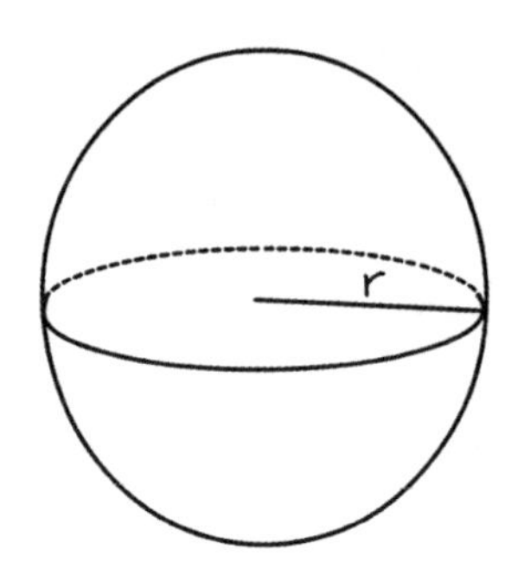

구에는 평평한 면이 없지만, 앞서 살펴본 것과 비슷한 방법으로 구의 겉넓이를 구할 수 있다. 우선 구의 부피는 다음과 같다.

$$\text{구의 부피} = \frac{4\pi r^3}{3}$$

이 식에서 r은 구의 반지름, 즉 구의 중심에서 구 표면까지의 거리다. 원주율 또는 π는 학교에서 모든 동그라미 모양에 필요한 숫자로 배웠던 기억이 있을 것이다. 즉, 원주(원둘레)를 지름(원의 중심을 지나는 선분)으로 나누면 원주율이 된다. 구의 부피가 $1cm^3$일 때, 앞의 식을 변형하면 다음과 같이 반지름을 구할 수 있다.

$$r = \sqrt[3]{\frac{3}{4\pi}}$$

따라서 구의 반지름은 0.62cm이다. 구의 겉넓이를 구하는 식은 다음과 같다.

$$\text{구의 겉넓이} = 4\pi r^2$$

구의 반지름을 이 식에 대입하면 구의 겉넓이는 $4.84cm^2$로, 정이십면체보다 작다.

악어의 눈물

떨어지는 물이 눈물방울 모양을 띤다는 건 잘못된 상식이다. 솔직히 물은 보통 너무 빨리 떨어지기 때문에 샤워기 물

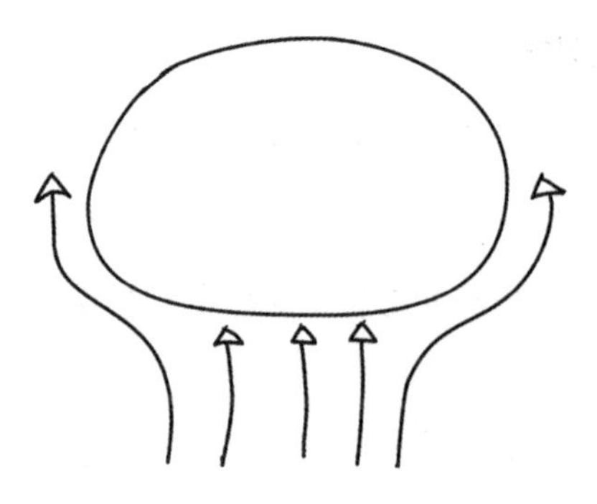

이든 빗방울이든 줄무늬가 아닌 다른 모양으로 인식될 수 없다. 사실은 물방울이 떨어질 때 공기 저항이 구형의 물방울을 눌러 둥글납작한 빵 모양으로 만든다.

물방울이 충분히 크면 공기 저항이 둥글납작한 빵을 점점 낙하산 모양으로 바꿔 결국 물방울은 부서진다. 즉, 떨어지는 물방울의 지름은 모두 약 4mm 미만이 된다는 뜻이다. 빗방울은 중력 때문에 아래로 당겨지지만 공기 저항을 받으면 느려진다. 빗방울의 속도가 빨라지면 공기 저항이 커진다. 공기 저항이 중력과 일치하면 빗방울은 보통 초속 9m라는 최종 속도에 도달한다.

강력 샤워기

하지만 빗방울이 아니라 샤워기에서 나오는 물방울은 흩뿌려진다. 내가 쓰는 절수 샤워기는 분당 약 9L의 물을 사용하고, 샤워 헤드의 설정을 변경하여 구멍의 크기와 개수를 바꿀 수도 있다.

나는 샤워기에서 물이 얼마나 빨리 나와야 하는지 궁금해졌다. 다시 한번 상황을 단순화해 물 나오는 구멍이 1개뿐인 기본 샤워기로 생각해보자. 분당 9L의 물이 샤워기 호스 안으로 들어간다면, 1분마다 9L의 물이 나와야 한다. 여기서 우리는 물의 속도를 계산할 수 있다.

샤워기 헤드 구멍이 지름 1cm의 원이라면, 9L의 물이 1분 동안 통과하게 될 것이다. 구멍에서 나오는 9L의 물을 밑면의 지름이 1cm인 원기둥 모양으로 상상해보자. 원기둥의 부피를 구하는 공식은 다음과 같다.

$$\text{원기둥의 부피} = \pi r^2 h$$

이 공식에서 r은 원기둥 밑면의 반지름 길이, h는 원기둥의 높이를 나타낸다. 물 9L의 부피는 9,000cm^3고, 원기둥의 반지름은 0.5cm(지름의 절반)다.

$$9,000 = \pi \times 0.5^2 \times h$$

이 식을 다음처럼 바꿀 수 있다.

$$h = \frac{9,000}{\pi \times 0.5^2}$$

이 값은 11,460cm 또는 114.6m보다 조금 작다. 무척이나 기다란 원기둥이지만 이 높이로 물의 속도를 알아낼 수 있다. 1분 동안 114.6m의 물이 샤워기에서 흘러나오려면, 물은 분당 114.6m로 이동해야 한다. 따라서 물의 속도는 초속 1.9m로, 초속 9m로 내리는 일반적인 비보다 훨씬 느리다. 만약 내가 키보드에 불이 나게 수학책을 쓰느라 뭉친 어깨를 샤워로 풀고 싶다면, 샤워기 구멍의 반지름을 줄여야 할 것이다. 구멍의 지름을 1mm로 조절해 다시 계산하면, 초속

190m의 속도로 물이 떨어지는데, 이 값은 음속의 약 절반에 해당한다! 이건 좀 아닌 것 같다.

내가 아무리 샤워기 헤드를 조절해도 물은 계산한 분출 속도대로 나오지 않는다. 물방울이 공기에 부딪히면, 공기는 물방울의 속도를 줄이고, 산산조각 내고, 사방으로 퍼뜨린다. 작은 구멍은 분출 속도가 빨라 약하거나 안개 같은 물줄기를 분사하지만, 큰 구멍은 속도는 느려도 넓게 퍼지는 물줄기를 내뿜는다.

물은 떨어지는 속도 일부를 샤워실 안 공기에 전달한다. 그래서 샤워실 안쪽 압력이 바깥쪽보다 낮다. 눈에 띄는 증거가 있다. 샤워 커튼이 있다면, 압력 차로 커튼이 샤워 부스 안으로 빨려올 것이다. 그러면 아무도 원하지 않는 축축한 촉감을 느끼게 된다.

기분 좋은 진동

하지만 그 차가운 충격에 자극받은 나는 불가능했던 고음에 도전하며 목청껏 노래 부른다. 눈을 감고 샤워볼을 마이크 삼아 높이 쳐든 채로 부르는 노래지만, 적어도 내 귀에는

테일러 스위프트만큼 잘 부르는 것처럼 들린다. 이상하게도 술을 서너 잔 마신 뒤 노래방에서 부르는 노래는 듣기가 괴로운데 말이다. 여기에 수학적인 이유가 있는 걸까?

그 답은 샤워실 음향에 있다. 커튼을 제외하면, 샤워실 안은 대부분 소리를 아주 잘 반사하는 타일이나 기타 방수 재료들의 성지나 다름없다. 그래서 음파가 샤워실 주변을 튕겨 나갈 때 수많은 메아리가 생기는데, 이렇게 사방에서 울리는 메아리가 귀에 부딪힌다.

내가 테일러 스위프트의 노래를 부르는 동안, 그 소리는 음속인 초속 약 330m로 내 입을 빠져나간다. 그리고 잠시 후면 내 귀에 도달한다. 유난히 음속이 빠른 내 몸을 통해 소리 일부가 전달되기 때문이다.

앞 그림의 왼쪽을 보면 샤워실 벽에서 한 번 튕겨 나온 소리가 얼마 후 내 귀에 살짝 닿는다. 얼마 후에 들릴까? 글쎄, 샤워실 벽이 내 귀에서 0.5m 떨어진 곳에 있는 것 같으니 소리는 1m 정도 왕복해야 할 것이다.

기억을 더듬어보자.

$$속력 = 거리 \div 시간$$

이 식을 변형하면 다음과 같다.

$$시간 = 거리 \div 속력$$

따라서 1÷330=0.003초 또는 3밀리초다. 오른쪽 소리는 샤워실을 여러 번 가로질러 튕기면 총 3m 정도 이동하므로 왼쪽 소리보다 3배 더 오래 걸릴 것이다. 즉, 약 9밀리초가 걸린다.

소리는 모든 방향으로 이동하며 매우 다양한 경로를 따라 내 귀에 이른다. 이처럼 메아리가 쌓이고 겹쳐, 음향 기술자가 일부러 보컬 트랙에 덧입혀 만드는 잔향 혹은 리버브reverb라고 부르는 효과를 일으킨다. 울림 효과를 주면 목소리가 흔들리는 부분을 메아리로 덮을 수 있을 뿐 아니라 저녁에 음정에 맞지 않은 노래를 불러도 목소리가 더 부드럽게 들린다. 게다가 훨씬 넓은 공간에서 노래하고 있는 듯한 착각도 불러일으킨다. 그래서 곰팡이가 핀 샤워실에서 고무 오리에게 노래하는 게 아니라, 재즈바에 모인 열광적인 청중 앞에서 본인의 애창곡을 목청껏 들려주는 환상을 느낄 수 있다.

공명이라는 또 다른 효과도 있다. 소리는 진동이고, 진동하는 모든 것은 다른 것에 비해 주파수가 더 잘 생성된다. 이러한 공명 주파수는 진동하는 것의 기하학적 구조와 재료에 따라 달라진다. 일반적으로 샤워실의 물줄기는 사람의 최저 음역에서 공명하는 것으로 밝혀졌다. 따라서 샤워실에서는 저음 음색이 더해져 목소리가 더욱 풍부하고 풍성하게 들린다. 본 조비 노래의 음높이를 아무리 바꿔 부르더라도 들어 줄 만한 것이다.

4원소

주기율표에 있는 수백 개의 원소를 알기 전까지 사람들은 네 가지 원소인 불, 흙, 공기, 물이 만물을 구성한다고 믿었다. 고대 그리스 수학자 플라톤은 이 원소들이 오늘날 정다면체라 불리는 다양한 3차원 도형에 해당한다고 여겼다. 아주 뾰족한 정사면체는 불, 견고하게 쌓을 수 있는 정육면체는 흙, 작은 정팔면체(밑면이 정사각형인 각뿔 2개가 밑면을 서로 맞대고 있다고 생각하면 된다)는 서로 빠르게 지나치는 공기라고 여겼다. 물방울처럼 생긴 정이십면체는 물을 나타냈다. 마지막 정다면체, 정오각형 면의 수가 12개인 정십이면체는 우주의 모양을 나타냈다.

3장

격한 운동을 하지 않아도 살이 빠지는 원리

운동이나 스포츠를 신나게 즐기든, 아니면 건강 유지를 위해 마지못해 견디는 노동쯤으로 여기든, 우리는 모두 다양한 신체 활동을 한다. 또한 스포츠와 피트니스는 프로 운동선수나 스포츠를 즐기는 사람들, 혹은 슈퍼마켓에서의 단백질 셰이크와 이온 음료 매출에 있어서도 큰 사업이다.

스포츠 과학 역시 좋다는 게 있으면 작은 효과라도 보고 싶은 운동선수들 덕에 주목을 받고 있다. 인체 생리학 전문가인 최고의 스포츠 과학자들은 우승을 꿈꾸거나 메달을 원하는 스포츠 팀이나 국가대표 팀에 매우 높은 연봉을 받고 고용된다.

다른 과학처럼 스포츠 과학도 더 효율적이고 집중적인 훈련을 가능케 하는 수많은 공식과 방정식을 제공한다. 우리는 몇 가지 흔한 공식을 훑으며 그 공식을 살아 움직이게 하는 수학을 점검할 것이다. 심박 수 모니터나 스마트 밴드 같은 피트니스 트래커 기술의 등장으로 수학적 설명이 필요해진 심박 수 영역과 기초 신진대사율 등의 개념도 함께 살펴보려 한다.

체질량 지수

스포츠 과학 덕분에 많은 사람이 체질량지수(Body Mass Index), 즉 BMI의 개념에 익숙해졌다. BMI는 사람의 몸무게가 각자 키에 적합한지를 알려준다. BMI는 다음 공식으로 계산한다.

$$\text{BMI} = \text{몸무게} \div \text{키}^2$$

몸무게는 킬로그램으로, 키는 미터로 계산해야 한다. 키 1.9m, 몸무게 90kg인 내 BMI는 $90 \div 1.9^2$이므로, 24.9다.

훌륭하군. 그렇다면 이 수치는 대체 무엇을 뜻할까? 건강한 BMI는 18에서 25 사이고, 다행히도 나는 이 범위에 든다. 체질량지수라는 용어는 미국 생리학자 앤셀 키스Ancel Keys

가 고안했는데, 키스는 이 수치가 단지 인구의 BMI를 알아내는 데 적합할 뿐, 꼭 개개인에게 적용되는 건 아니라고 서둘러 말했다. 예를 들어 BMI는 완전히 성장한 성인에게는 효과가 있지만, 체성분은 고려하지 않는다. 2020년 세계에서 가장 힘센 사나이인 우크라이나 출신 올렉세이 노비코프Oleksei Novikov는 키가 1.85m로 엄청나게 크지 않지만, 몸무게는 135kg으로 건장하다. 노비코프의 BMI를 계산하면 39 이상으로 끔찍하게 비만하다고 나오지만, 사실 노비코프는 근육질이다. 근육은 지방보다 밀도가 높아 근육질인 사람은 BMI가 높게 책정된다.

어찌 됐든 BMI를 알고 나면, 운동을 더 열심히 하거나 열량 섭취에 좀 더 신경 쓰겠다고 다짐하게 된다.

열량 낮추기

영국국립보건국은 여성은 2,000kcal, 남성은 2,500kcal를 일일 열량 섭취량으로 권장하고 있다. 하지만 이 수치는 매우 광범위한 지침이라, 모든 사람에게 적합한 것은 아니다. 격심한 육체노동을 하는 사람이라면 체중을 유지하기 위해

이 섭취량을 2배로 늘려야 할 수도 있다.

연구원들은 개인에게 필요한 열량 섭취량을 계산할 때, 생활 방식뿐 아니라 다른 핵심 요소들도 고려해야 한다는 사실을 알아냈다. 바로 성별과 체중, 키, 나이다. 1919년에 처음 고안한 해리스 베네딕트 방정식은 기초 대사율(Basal Metabolic Rate), 즉 BMR이라는 값을 알려준다.

BMR(여성) = 몸무게(kg) × 10 + 키(cm) × 6.35 - 나이 × 5 - 161

BMR(남성) = 몸무게(kg) × 10 + 키(cm) × 6.35 - 나이 × 5 + 5

다시 한번 내 예를 들자면, 내 BMR은 90×10+190×6.35−43×5+5=1,897로, 일일 권장량에 아주 가깝다. 온종일 침대에 누워 있어도 내 몸을 스스로 유지하는 데 이만한 에너지가 필요하다. 안타깝게도 종일 누워 있을 수만은 없다. 따라서 자신의 BMR에 1.2(운동 없이 주로 앉아서 하는 행동)에서 2 사이의 숫자를 곱해 일일 총열량 요구량을 계산한다. 전업 운동선수나 노동자라면 2 이상이 될 수도 있다. 개를 산책시키고 아이들을 수영장에 데려다주는 일에 1.4라는 후한 점수를 매기면 내 일일 총열량 요구량은 1,897×1.4=2,656kcal가 된다. 이 값은 남성에게 권장하는 2,500kcal(여성은 2,000kcal)와 비슷한 범위에 있다. 물론 내가 실제로 하루에 이토록 많은 열량을 섭취하는지 아닌지는 별개의 문제다. 내 BMI가 25를 넘나드는 걸 보면 일일 총열량 요구량보다 더 많이 먹는 것 같기는 하다.

내가 만약 순전히 소식으로만 살을 빼겠다면, 2,656kcal 이하로 먹어야 할 것이다. 내 목표가 5kg 감량이라고 가정해 보자. 어떻게 해야 할까? 음, 내가 원하는 건 지방 5kg을 빼는 것이다. 순수 지방은 1g당 약 9kcal의 열량을 함유하지만, 체지방은 순수 지방이 아니므로 1g당 약 7.7kcal을 함유한다. 따라서 5kg의 체지방에는 5,000×7.7=38,500kcal의 열량이 들어 있다. 내가 일일 열량 섭취량을 500kcal 줄인다면, 38,500÷500=77일이 걸릴 것이다. 슬프게도 우리 몸은 살이 빠질수록 열량을 더 효율적으로 저장하므로 5kg을 감량하려면 77일보다 더 오래 걸릴지도 모른다. 약 3개월 동안 하루에 2,156kcal를 먹어야 체중 감량에 성공할 것이다.

열량 태우러 가자

체중을 감량하는 또 다른 방법은 운동량을 늘려 열량을 더 많이 소모하는 것이다. 대체로 격렬한 운동을 할수록 열량을 더 많이 태울 수 있다. 예를 들어 걷기는 보통 분당 약 4kcal를 소모한다. 따라서 5kg을 감량하려면 38,500÷4=9,625분을 걸어야 한다. 약 160시간이므로, 소식으로 체중을 줄이는 것과 동일한 기간인 약 3개월 동안 같은 효과를 보려면 하루에 1시간 47분 정도를 더 걸어야 한다.

달리기는 분당 약 13kcal를 소모하므로, 걷기보다 3배 이상의 열량을 더 태운다. 따라서 38,500÷13=2,962분을 달려야 한다. 즉, 다이어트를 하는 시기에 5kg을 감량하려면 하루 평균 33분을 달려야 한다.

어떤 운동을 하든 운동 강도와 운동 시간 사이에는 일정한 균형이 존재한다. 운동 강도는 보통 심박 수를 이론상의 최대치와 비교하며 측정한다.

최대 심박 수는 간단한 공식으로 추정할 수 있다.

최대 심박 수 = 220 - 나이

이 공식으로 내 최대 심박 수는 220−43=177회/분으로, 초당 약 3회다. 이 수치는 분명 나이가 43세인 모든 이에게 적용되는 건 아니지만, 대부분 비슷해야 한다. 고강도 운동에 익숙한 건강한 사람이라면, 건강 추적기 같은 앱을 사용해 최대 심박 수를 확인하며 가능한 한 오랫동안 에너지를 최대치로 끌어올려 운동할 수 있지만, 이렇게 하는 것은 보통의 사람에게는 위험하지 않더라도 매우 불쾌한 과정이 될 것이다.

피트니스 프로그램은 대부분 백분율을 이용해 다양한 심박 수 영역으로 운동을 구별한다. 살을 빼려면 열량이 잘 소모되는 심박 수에 도달해야 하는데, 오랫동안 유지할 수 없을 만큼 그렇게 높은 것은 아니다. 보통은 최대 심박 수의 60~70% 정도에서 열량 소모가 잘 일어난다. 내게 맞는 계산은 다음과 같다.

60%: 0.6 × 177 = 106.2

70%: 0.7 × 177 = 123.9

따라서 나는 심박 수를 분당 106~124회로 유지하면, 이 지방 연소 영역fat-burning zone에 맞춰 오랫동안 운동할 수 있을 것이다. 이보다 더 열심히 하면 더 많은 열량이 소모되겠지만, 숨이 턱까지 차오르고 몸에서 젖산이라는 물질이 나오기 시작할 것이다. 젖산은 강렬한 통증을 유발한다.

체중 관찰

체중 감량 프로그램이 끝나면 내 BMI는 어떻게 바뀔까? 현재 몸무게가 85kg으로 줄었으므로, BMI는 $85 \div 1.9^2 = 23.5$이다. 내 BMR은 현재 $85 \times 10 + 190 \times 6.35 - 43 + 5 \times 5 + 5 = 1,836$이다. 새로운 운동요법으로 1.5를 곱할 수 있게 되었다고 쳐보자. 그러면 나는 하루에 $1,836 \times 1.5 = 2,754$kcal를 섭취하면 새 청바지가 편안한 체중을 유지할 수 있다.

흐름에 맡기다

혈액과 같은 점성 액체의 흐름은 나비에-스토크스 방정식Navier-Stokes Equation으로 제어된다. 그 예는 다음과 같다.

$$\frac{\delta v}{\delta t} + (v \cdot \nabla)v = -\frac{1}{\rho}\nabla p + v\Delta v + f(x,t)$$

이 식이 어려워 보이는 건 원래 어렵기 때문이다! 나비에-스토크스 방정식은 수학 및 물리학에서 풀리지 않는 수수께끼 중 하나인 난류 흐름에 대한 개념을 소개한다. 만약 이 방정식의 풀이법을 알아낸다면, 클레이 수학 연구소Clay Mathematics Institute에서 100만 달러의 상금을 받게 될 것이다. 그러니 당장 풀어보자!

2부

수학자가 출근하는 법

몸단장을 끝내고 하루를 맞이할 준비가 되었다면, 장소 이동을 도와주는 수학적 방법을 알아보자. 자전거를 타든, 자동차를 운전하든, 초음속 로켓을 타고 가든.

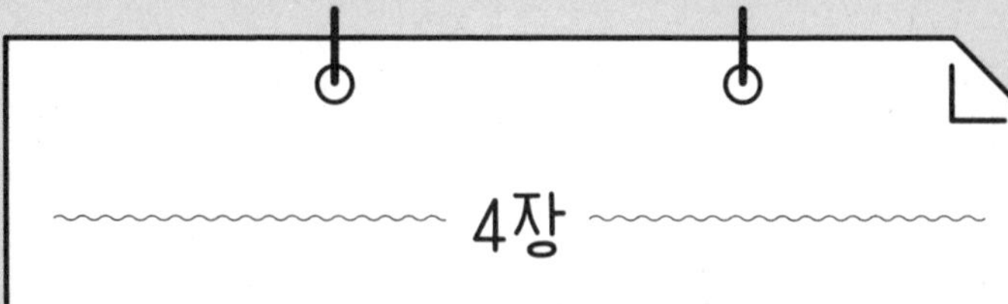

4장

까다로운 바퀴 수학

저렴하게 출퇴근하는 방법이든, 아이들을 기진맥진하게 하는 요령이든, 그게 직업이든, 자전거를 타는 것은 여기저기 돌아다니기에 아주 좋은 (그리고 친환경적인) 방법이다. 자전거 전용 도로나 자전거 공용 인도를 개선하면 교통 체증을 피하고 주차 요금도 해결할 수 있으련만.

자전거 수학은 원과 관련된 것으로, 바퀴나 톱니바퀴, 페달 돌리기 등은 모두 회전을 선형 속도로 변환해 우리를 원하는 곳으로 데려간다.

바퀴와 속도의 상관관계

자전거에는 대개 언덕을 잘 오를 수 있는 다양한 기어가 장착되어 있다. 하지만 자전거에 기어가 많지 않아도 걷기보다 더 빨리, 그리 힘들이지 않고 꽤 먼 거리를 달릴 수 있다. 기어가 많을수록 복잡하고, 무겁고, 비싸다. 1870년대에는 자전거에 기어를 넣을 생각을 못 했기 때문에, 앞바퀴에 바로 페달이 달린 자전거를 설계했다. 말하자면 페달이 돌아갈 때마다 바퀴가 한 바퀴씩 회전했다.

사람들은 1초에 한 바퀴씩 페달을 돌리는 게 편안하면서도 적당히 빠른 속도라는 것을 알게 되었다. 내가 타는 주행용 자전거의 바퀴 지름은 70cm다. 이 값으로 내가 자전거를 얼마나 빨리 타는지 계산할 수 있다.

내 자전거 바퀴의 원주는 다음과 같다.

$$\begin{aligned} \text{원주} &= \pi \times \text{지름} \\ &= \pi \times 0.7 \\ &= 2.20\text{m} \end{aligned}$$

따라서 내가 페달을 1번 돌릴 때마다 바퀴가 1회전하는 빅토리아 시대 자전거를 탄다면, 1초에 2.2m를 달릴 것이다. 이 속도를 더 익숙한 km/h로 변환할 수 있다.

$$2.2 \times 60 = 132\text{m/m}$$

$$132 \times 60 = 7{,}920m/h$$

$$7{,}920 \div 1{,}000 = 7.92km/h$$

무시무시할 정도로 빠른 속도는 아니다(약 8km/h). 보통 편안한 보행 속도가 5km/h다. 속력 단위 m/s를 km/h로 변환할 때, 60을 2번 곱한 다음 1,000으로 나누면 변환 시간을 절약할 수 있다. 나는 위 변환 과정을 다음과 같이 한 번의 연산으로 싹 정리했다.

$$60 \times 60 \div 1{,}000 = 3.6$$

따라서 m/s에 3.6을 곱하면 km/h가 된다. 어쨌든, 더 빨리 달리고 싶다면, 내 다리를 더 빨리 돌리는 게 가장 쉬운 방법이다. 전문 사이클 선수는 일반적으로 분당 회전수(rpm)가 100번이 되도록 페달을 돌리는데, 이는 1초에 100÷60=1.67회전이다.

$$2.2 \times 1.67 = 3.674m/s$$

$$3.674 \times 3.6 = 13.23 km/h$$

속도가 빨라지기는 했지만, 자전거 통근자들은 대부분 적어도 20km/h로 달리길 원할 것이고, 이 말은 바지를 150rpm으로 펄럭여야 한다는 뜻이다. 어떻게 하면 페달을 더 빨리 밟지 않고도 속도를 높일 수 있을까?

빅토리아 시대 사람들은 앞바퀴를 훨씬 더 크게 만들어 이 문제를 해결했다. 앞바퀴 지름이 약 130cm인 독특하면서도 무시무시한 페니 파딩Penny Farthing이라는 자전거를 선보인 것이다. 앞바퀴 둘레가 π×1.3=4.08m로, 페달이 회전할 때마다 거의 2배 이상의 거리를 주행할 수 있었다. 그렇다면 20km/h는 5.55m/s이므로, 나는 1초에 5.55÷4.08=1.36회 즉 1분에 80번만 돌리면 된다. 물론 여전히 분당 60번보다는 많지만, 적어도 내가 올림픽 사이클 경기장에 있는 건 아니니까.

다행히도 1800년대 후반, 익숙하고 '안전'한 자전거를 발명했다. 빅토리아 시대 사람들은 자전거를 타는 동안 발이 땅에 닿을 수 있는 구조가 훨씬 안전하고 현명하다고 생각했던 것이다. 페달을 밟으면 체인 링으로 알려진 톱니가 뒷바퀴 축에 있는 다른 톱니바퀴나 스프라켓(체인 기어.—옮긴이)에 체인으로 연결되어 다리 회전에 대한 바퀴 회전의 비율을 변경할 수 있다.

앞서 봤듯이 내가 20km/h의 속도로 통근하려면 150rpm으로 페달을 밟아야 하지만, 이제는 기어를 사용할 수 있다. 만약 체인 링의 톱니바퀴가 스프라켓보다 2배 많다면, 내가 다리를 1번 굴릴 때 뒷바퀴는 2번 회전할 것이다. 즉, 내 다리는 75rpm만 유지하면 된다는 뜻이다. 따라서 페달은 1rpm, 바퀴는 2rpm이므로, 기어비는 1:2가 된다. 참고로 페니 파딩은 1:1로 고정되어 있었다.

까다로운 바퀴 수학

요즘 자전거는 다양한 체인 링과 스프라켓을 골라 페달 스타일과 희망 속도, 주행 지형에 맞는 완벽한 조합을 이룰 수 있게 시스템이 갖춰져 있다.

일반적으로 새로운 로드 자전거는 체인 링이 2개다. 톱니 수가 하나는 50개, 다른 하나는 34개다. 그런 다음 뒷바퀴에

11~28개의 톱니가 있는 스프라켓 뭉치 '카세트'를 장착한다. 톱니 수가 각각 50개와 11개라면, 기어비가 거의 5:1이므로 내리막길을 매우 빠르게 내려올 때 안성맞춤이다. 반면에 34개와 28개가 되면 거의 1:1이므로 언덕을 오르기에 딱 알맞다.

비를 비교하는 건 어려울 수 있다. 50:22와 34:15 중 어느 쪽이 더 페달을 밟기 힘들까? 이 차이는 한눈에 알 수 없다. 그래서 자전거를 즐기는 사람들은 왕왕 페달을 1번 밟을 때 이동할 수 있는 거리를 따지며 자전거 기어를 평가한다. 우리는 이 거리를 공식으로 구할 수 있다.

$$\frac{\text{체인링 톱니 수}}{\text{스프라켓 톱니 수}} \times \text{바퀴 둘레}$$

따라서 둘레가 2.2m인 로드 자전거의 기어비가 50:22라면 거리는 이렇게 된다.

$$\frac{50}{22} \times 2.2 = 5m$$

34:15의 경우라면 이렇다.

$$\frac{34}{15} \times 2.2 = 4.99m$$

별 차이는 없다. 다만 숫자가 클수록 페달을 밟기가 더 힘들다.

속도 제한 위반

2018년 9월, 미국 사이클 선수 데니즈 뮬러코레넥Denise Mueller-Korenek은 대형 방풍 장치를 장착한 경주용 자동차 뒤를 시속 296km로 달려 자전거 최고 속도 기록을 깼다. 뮬러코레넥은 이중 기어를 갖춘 17인치(약 43cm) 오토바이 바퀴가 달린 자전거를 사용했다. 즉, 체인 링 톱니 60개를 스프라켓 톱니 13개에 연결하고, 또 다른 체인 링 톱니 60개는 뒷바퀴 축에 있는 톱니 12개와 연결했다. 대체 얼마나 큰 기어였을까?

일단 페달을 한 바퀴 돌리면 첫 번째 스프라켓이 여러 번 회전하고, 그 스프라켓이 두 번째 체인 링으로 전달된다. 그래서 우리는 2개의 분수를 곱해야 한다. 17인치 바퀴는 적어도 폭이 1인치인 타이어가 끼워져 있으므로 바퀴의 총지름을 19인치라고 하자. 마지막에 인치는 미터로 변환해야 한다. 1인치는 약 0.0258m다.

$$\frac{60}{13} \times \frac{60}{12} \times \pi \times 19 \times 0.0258 = 35.5m$$

정말 거대한 기어다. 하지만 기어가 그 정도는 되었으니 그렇게 빨리 달릴 수 있었겠지.

순환 논법

자전거에서 가장 주목할 사실은 자전거가 똑바로 선다는 것이다. 수많은 10대 청소년이 자전거를 타면서 휴대전화를 두드리는 것만 봐도 자전거는 넘어지는 것보다 똑바로 서 있는 것을 더 좋아하는 것 같다. 실제 실험 결과에 따르면, 잘 만든 자전거를 힘껏 밀면 옆에서 건드려도 넘어지지 않고 미끄러지듯 주행한다.

자전거를 똑바로 서게 하는 것, 더 정확히 말하자면 넘어지지 않게 하는 데에는 많은 요소가 관련되어 있다. 처음에는 회전하는 바퀴의 자이로스코프 효과로 알려졌다. 자이로스코프 효과는 기본적으로 물체가 회전하지 않을 때보다 회전할 때 기울이는 데 더 많은 힘이 필요하다는 원리다. 하지만 역회전 장치가 달린 특수 바퀴로 자이로스코프 효과를 상쇄하는 자전거가 등장하자 사실이 아닌 것으로 밝혀졌다.

또 다른 요소는 캐스터 효과다. 자전거를 밀어본 경험이 있다면, 자전거가 왼쪽으로 기울 때 앞바퀴도 왼쪽으로 기운다는 걸 알 것이다. 이는 자전거가 균형을 잡기 위해 어느 쪽으로든 자연스럽게 방향을 바꾼다는 것을 의미한다. 심지어 새로운 방향일지라도 그렇게 한다. 이런 방향 조절 기능은 주로 자전거가 기울 때 생기므로, 핸들을 돌리면 자전거가 기운다.

세계적으로 자전거 사업은 약 400억 파운드(약 65조 8000억 원)의 가치가 있으므로 자전거 제조업체에는 자전거 취급법에 대한 수학적 모형화가 중요하다. 또한 사람이나 로봇이 걸을 때 어떻게 똑바로 서 있는지를 이해하는 데에도 영향을 미친다. 따라서 경륜장에서 자전거 경주를 하든, 자전거를 타고 출근하든, 아이들에게 자전거 타는 법을 가르치든, 수학은 균형을 유지하는 데 도움을 준다는 걸 기억하자.

큰 바퀴는 계속 회전한다

1876년, 레밍턴 스파 사이클 쇼는 괴물의 탄생을 목격했다. 영국 자전거 산업의 선구자 제임스 스탈리James Starley는 새로운 바큇살 배치법을 보여주고 싶어 했다. 78인치(약 2m 미만)의 바퀴가 달린 페니 파딩을 개발한 스탈리는 교묘하게 놓인 발판 덕에 아들을 실제로 페니 파딩에 태울 수 있었다.

5장

유령 체증이 발생하는 이유

수많은 사람이 자동차로 통근한다. 분주한 동네나 시내에서 차를 운전하는 건 교통의 신에게 운명을 맡기는 것이나 마찬가지다. 특히 시야가 가려 창문 밖 상황을 볼 수 없을 때는 더욱 그렇다. 신은 과연 친절을 베풀까? 가다 말다 하며 지겹도록 계속되는 차량 행렬, 공사 중인 도로, 뚜렷한 이유를 알 수 없는 유령 체증 없이 깔끔한 질주를 할 수 있을까? 아니면 세 차선이 하나로 합쳐지는 도로에서 자리다툼을 하다 폭삭 늙어버린 기분 탓에 결국 스트레스받고 화를 내게 될까?

차량 흐름에 관한 수학은 주어진 상황에서 차량의 움직임을 예측하려는 다수의 복합 이론과 방정식이 잘 구축된 연구 분야다. 첫 번째 연구는 도로 위 자동차가 보편화된 1920년대에 시작되었다. 100년 전으로 거슬러 올라가 보면 도로망 위의 사람과 사물의 흐름은 국가 경제에 중요한 역할을 했다. 차량 흐름을 바람직하게 계획하고 유지하는 건 무척이나 중요한 일이다.

잠시 정차하기

자동차 운전에 필요한 여러 조건 중 하나는 주유다. 집에서도 하이브리드 자동차와 전기 자동차에 연료를 보충할 수도 있다지만, 우리 대부분은 여전히 주유소에 차를 세우고 기름을 채운다.

운전자의 주유 습관은 성격 테스트와 같다. 본인의 주유 습관을 생각해보자. 한번에 몇 리터만 채우고 연료계에 빨간 등을 달고 질주하는 미친 독불장군인가? 아니면 연료 탱크를 가득 채운 뒤 마음 놓고 석양 너머로 차를 모는 느긋함을 즐기는가? 어느 쪽이 돈을 아낄 수 있을까?

연료 탱크가 가득 차면 차가 무거워지고, 무거울수록 가속하는 데 더 힘이 든다. 자동차 주유 비용이 차의 질량에 비례한다고 가정하면, 자동차에 있는 휘발유 질량을 자동차 질량의 백분율로 계산해 어떤 쪽으로 할 때 비용이 절감되는지 알 수 있다. 계산을 하려면 정보가 필요하므로 내 차의 사용자 설명서를 참고해보자. 내 차의 질량은 1,500kg이고 연료 탱크의 용량은 45L다. 그런데 휘발유 45L는 얼마나 무거운 걸까?

휘발유의 밀도는 약 750kg/m^3다. 즉, 부피 1m^3당 휘발유의 무게는 750kg이다. 이 단위들은 연료 탱크 견적 단위와 일치하지 않으므로 일단 변환해야 한다. 1mL는 1cm^3와 같으므로, 1m^3가 몇 cm^3인지 알면 1mL를 L로 바꿀 수 있다.

1m가 100cm이므로 100cm^3는 1m^3라고 말하고 싶은 충동에 이끌릴 것이다. 하지만 다음 그림을 보면 1m^3는 100cm^3보다 커야 한다.

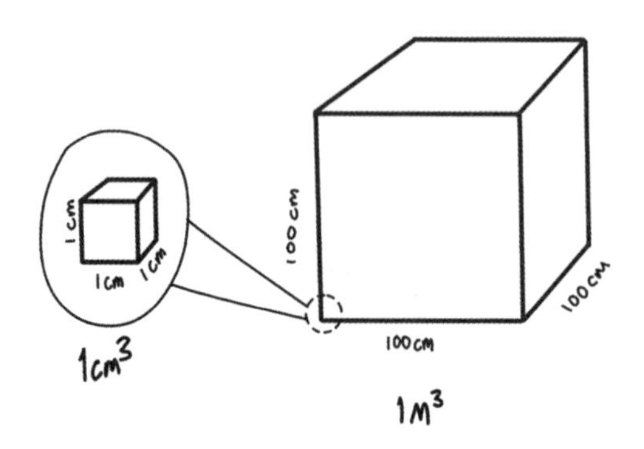

사실은 훨씬 크다.

정육면체의 한 모서리 길이가 1m라면 100cm라는 뜻이다. 그리고 정육면체의 부피를 구하려면 한 모서리의 길이를 세 번 곱하면 된다. 따라서 다음과 같다.

$$100^3 = 100 \times 100 \times 100 = 1,000,000$$

우와! $1m^3$는 $1,000,000cm^3$다! 1L는 1,000mL이고 이는 $1000cm^3$와 같으므로, $1m^3$의 1,000분의 1이다. 즉, $1L=0.001m^3$다.

따라서 연료 탱크의 부피는 45L고, 이 값은 $0.045m^3$로 변환된다. 부피 $1m^3$당 휘발유의 질량은 750kg이므로, 연료 탱크 안에 들어 있는 휘발유 질량은 750×0.045=33.75kg이다. 이 값을 자동차 질량으로 나눈 다음 100을 곱한다.

$$\frac{33.75}{1,500} \times 100 = 2.25\%$$

이 값은 탱크가 가득 차 있다고 해도 그리 큰 비율을 차지하지 않는다. 빈 연료 탱크를 자주 채우며 달리는 것은 많은 돈을 절약하지 못할뿐더러 어쨌든 길을 자주 벗어나 주유소를 방문해야 해서 번거롭기도 하다. 연료를 가득 채운 소형차의 탱크 무게는 34kg에 불과하므로, 승객 한두 명을 태우는 게 연비에는 더 안 좋을 것이다.

유령 체증

더 빠른 길을 찾겠다고 도로에서 시간을 허비해본 사람이라면 누구나 다음 상황에 익숙할 것이다. 브레이크 불빛으로 도배된 광경을 보거나 가다 서다를 반복하는 차량 행렬에 합류하다 보면 차량 속도에 가슴이 답답해질 때가 있다. 가끔은 차량이 살짝 속도를 내다가 다시 서행하기도 한다. 그러면 사람들은 교차로에서 정체가 생겼는지, 신호등 오작동인지, 교통사고 또는 도로 공사나 고장 난 차로 막힌 차선이 있는지 목을 길게 빼고 지체 이유를 확인하려 든다. 하지만 아무 이유도 없다. 그러다 혼잡이 시작된 곳에 도착해서야 돌연 속도를 올리게 된다. 뚜렷한 이유 없이도 차량 정체가 생겼던 것이다. 왜 그럴까?

연구에 따르면 이러한 유령 체증은 느리게 움직이는 차량(흔히 언덕을 오르는 트럭)에 대응하는 다른 차량 운전자의 반응 시간과 관계가 있다. 능숙한 운전자는 앞을 내다보고 앞차를 지나치기도 하며 도로 위 상황에 반응할 준비를 한다. 앞차가 브레이크 등을 켜면 곧 브레이크를 밟을 태세를 갖춘다. 일부는 첫 번째 운전자보다 조금 더 세게 브레이크를 밟아야 할 수도 있지만, 여전히 안전거리를 유지한 채 차량을 계속 움직여 나갈 수 있다. 만약 차량 간격이 살짝 좁다면 트럭이 언덕을 넘을 때까지 대처하거나, 아예 느린 트럭을 추월할 것이다. 기본적으로 노련한 운전자들은 느린 트럭에 일련의 반응을 보이며 반응 시간의 영향을 완화한다.

앞을 내다보지 못하는 운전자들은 브레이크를 더 세게 밟는다. 앞차에 바싹 붙어 달리거나 빨리 달리는 운전자들 역시 그럴 것이다. 이 때문에 각 운전자가 앞차 운전자보다 브레이크를 더 세게 밟게 되는 연쇄 반응이 일어난다.

바로 앞차에만 반응하는 운전자들이 있다고 생각해보자. 그들이 초속 25m로 달리고 있는데, 고속도로 법규에 알맞게 2초 간격을 유지하려면 서로 50m씩 떨어져 있어야 한다.

첫 번째 차가 고작 초속 20m로 달리는 트럭을 만났다고 하자. 트럭을 들이받지 않으려면 차량 속도를 줄여야 하고, 2초 간격은 40m가 된다. 기본적으로 모든 운전자는 트럭과 10m 간격이 되기 전에 속도를 늦춰야 한다. 하지만 그 무리에 있는 두 번째 운전자는 앞차의 제동력에 반응할 시간이 필요하다. 경각심이 강한 사람이라면 약 0.5초의 반응 시간은 기본이다. 0.5초 동안 앞차는 5m/s에 가깝게 주행하므로 트럭과 2.5m 가까워진다. 두 번째 운전자는 첫 번째 운전자와 비슷한 방식으로 브레이크를 밟아야 하지만, 10m 완충 거리가 현재는 7.5m로 줄었다. 각 수치를 공식 $v^2=u^2+2as$(18쪽 참조)에 대입해 가속도 a를 구하면 다음과 같다.

$$a = \frac{0^2-5^2}{2 \times 7.5}$$

이 식을 계산하면 $a=-1.67m/s^2$이다. 꽤 편안한 속도이긴 하지만, 다음 몇 대의 차량에 계속 적용해보자. 세 번째 차는 $-2.5m/s^2$으로 줄여야 한다. 첫 번째 차의 감속보다 2배나 높아 꽤 힘들겠지만, 아직 급제동은 아니다. 하지만 여기서 연쇄 반응이 생긴다. 뒤따르는 차량 중 10m 완충 거리를 브레이크를 밟기 전에 다 써버린 다섯 번째 차까지는 더 세게 브레이크를 밟아야 한다. 차들은 필연적으로 서로 더 가까워질 것이고, 결국 누군가가 급제동을 하며 완전히 멈추면서 유령 체증을 일으킬 것이다.

최악의 시나리오는 운전자가 브레이크를 제때 밟지 못해 충돌이 일어나 교통이 확실히 마비되는 것이다. 이런 불량 운전자들은 한 번에 끼어드는 경우가 거의 없으므로 대부분 충돌은 일어나지 않는다. 하지만 이 현상은 왜 너무 늦게, 너무 세게 브레이크를 밟는 몇몇 사람만으로 긴 유령 체증이 생겨나는지 보여준다.

병목 현상

2차선 도로를 따라 운전하는데 전방에 한 차선을 폐쇄했다는 표지판을 봤다고 상상해보자. 그러면 즉시 깜빡이를 켜고 옆 차선으로 조심스레 갈아탄 뒤 서행 대열에 합류해 좁은 구간을 통과하겠는가? 아니면 텅 비어 있는 폐쇄 차선의 이점을 이용해 앞으로 쭉 달려가다 서행 대열에 있는 친절한 운전자를 설득해 끼어들기를 하겠는가? 먼저 차선을 바꾸는 게 최선일까, 아니면 새치기를 하는 게 영리한 행동일까?

모든 사람이 미리 차선을 바꾼다면, 서행 대열은 폐쇄 차선을 비워둘 것이다. 그러면 사실상 서행 대열의 길이가 평소보다 2배로 늘고, 주행이 느릴수록 대기열의 주행 시간도 늘어날 것이다. 또한 얌체 운전자들이 긴 서행 대열 앞쪽으로 끼어들어 개념 운전자들을 더욱 열받게 할 것이다.

차선이 폐쇄되는 지점까지 모든 운전자가 현재 차선을 유지한다면 어떻게 될까? 그러면 2개의 대열이 생기고, 각 대열은 첫 번째 경우의 절반 길이가 되어 주행 시간도 비슷하게 소요될 것이다. 그리고 폐쇄 지점 앞에서 교대로 합류하면 분통을 터뜨리는 일도 없을 것이다. 게다가 두 차선이 비슷한 속도로 달리므로 교대로 합류하는 게 훨씬 안전하고 빠르다. 알려진 대로 한 대씩 한 차선에 진입하는 교차 운전zip-merging은 병목 현상에 가장 효과적인 방법이다.

따라서 이 추론에 따르면 새치기하는 운전자들은 동료 통근자들을 위해 전체 대기 시간을 줄이려 사심 없이 노력하고 있는 셈이다. 하지만 줄 서기가 범국민적인 스포츠나 다름없고, 줄 서기 에티켓을 조금이라도 어기면 사형에 처해야 할 것처럼 취급하는 지역에서는 교차 운전이 시간을 절약한다고 해도 새로운 행동 방식을 받아들이기까지 많은 시간이 걸리지 않을까.

지름길

지역에 대해 잘 아는 것은 매우 유용하다. 우리 중 대다수가 다른 지역 사람들은 잘 모르는 지름길을 이용한다. 도시계획가는 차량 흐름을 개선하려고 부단히 애쓰지만, 때로는 새 도로를 놓았다가 역효과를 낳기도 한다. 이렇게 생긴 출퇴근길을 상상해보자.

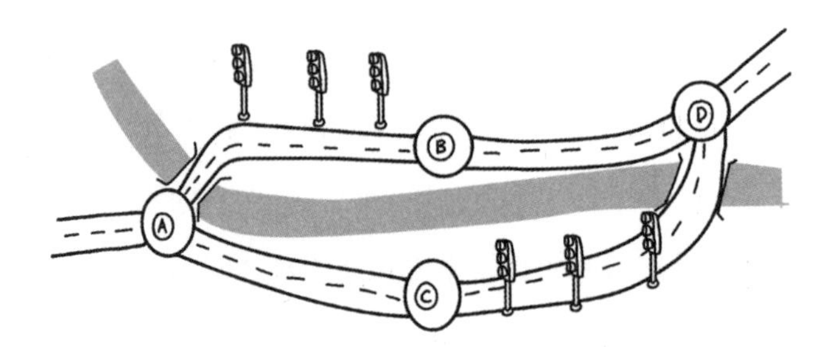

원형 교차로 A에 도착하면 강 북쪽으로 갈지 남쪽으로 갈지 선택해야 한다. 차량 흐름을 미리 연구한 덕에 신호등 구간(A~B 및 C~D)을 통과하는 데 걸리는 시간은 주행하는 차량 수에 달려 있으며 차량 10대당 1분 정도 걸린다는 사실을 알고 있다. 차량 수를 c라고 할 때, 신호등 구간을 통과하는 데 걸리는 시간(분)은 다음과 같다.

$$시간 = \frac{c}{10}$$

도로의 다른 구간(A~C 및 B~D)을 통과할 때는 교통량의 영향을 덜 받아 차량이 아무리 많아도 보통 25분이 걸린다.

출퇴근 시간에는 약 200대의 차량이 원형 교차로 A에 접근하고, 각 경로의 도로는 비슷하므로 강 양쪽으로 100대씩 이동한다. 즉, 신호등 구간에서는 100÷10=10분이 소요되고, A에서 D까지 가는 전체 시간은 10+25=35분이다.

B와 C 사이에 새로운 다리가 개통되어 이 지점에서는 자동차가 강을 빠르게 건널 수 있다고 하자. 그래서 A에서 D까지 가는 경로가 4개로 늘어났다. 강 북쪽이나 남쪽을 통과

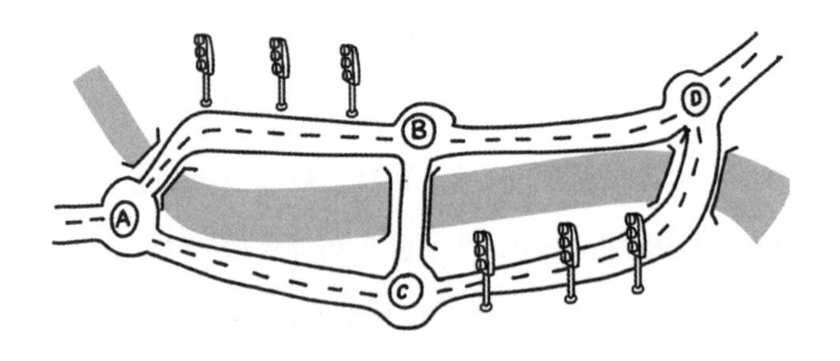

하는 2개의 '옛' 경로 ABD와 ACD, 그리고 강을 건너는 2개의 '새' 경로 ABCD와 ACBD다.

다리가 개통되기 전에 각 구간에서 걸린 시간을 이용해 각 경로의 시간을 구한다. 그리고 다리는 매우 빨리 건널 수 있어 시간이 전혀 걸리지 않는다고 가정할 것이다. ABD와 ACD를 통과하는 시간은 변함없이 35분이다. ACBD로 가면 느린 구간을 모두 통과하므로 25+25=50분이 소요된다. 제정신이 아닌 이상 아무도 이 경로를 선택하지 않을 것이다. 반면 ABCD는 빠른 구간을 모두 통과해 10+10=20분이 소요된다. 따라서 운전자들은 새로운 이 지름길을 이용하기 시작할 것이다.

당신이 새로운 경로로 갈아탄 유일한 운전자여도 평소 습관을 따르는 운전자 100명 중 1명이기 때문에, A~B 구간은 여전히 10분이 걸린다. 강을 건너 C~D 구간으로 합류하면 101대의 차량이 그 길로 가게 된다. 따라서 101÷10=10.1분이다. 당신의 주행 시간은 이제 10+10.1=20.1분이 된다. 사실상 통근 시간이 15분 줄었으므로 당신은 그 다리를 애용하기로 한다.

며칠 후 소셜 미디어와 교통 방송 안내의 덕분에 몇몇 사람이 이 경로를 알게 되었다. 어느 날 아침, 운전자 100명은 ABCD 경로를 이용하고, 나머지 100명은 ABD 또는 ACD 경로를 고수하며, 50명은 북쪽으로, 50명은 남쪽으로 간다. 즉, 각 신호등 구간에는 150대의 차량이 통과하므로 150÷10=15분이 소요된다. 따라서 A에서 D까지 가는 데 15+15=30분이 걸린다. 여전히 다리가 개통되기 전보다 5분 더 빠르지만, 더 많은 사람이 새 경로를 택하면서 20분 주행은 좋은 추억이 되고 만다.

한편, 옛 경로를 달리는 운전자들은 이제 신호등 구간에서 15분을 보내게 되며 이전보다 이동 시간이 5분 늘어나서

15+25=40분이 된다. 그래서 다음부터는 새 경로로 갈아타려고 한다.

주말 무렵에는 운전자 150명은 ABCD를 이용하고, 25명은 각각의 옛 경로를 달린다. 그래서 신호등 구간 통과 시간이 175÷10=17.5분으로 늘어났다. 이제 '빠른' 경로는 다리가 개통되기 전처럼 17.5+17.5=35분이 소요된다. 이전 경로는 현재 17.5+25=42.5분이 소요되므로, 이 경로를 이용한 운전자들은 새 경로로 갈아탈 이유가 훨씬 더 많아졌다.

결국 모든 사람이 새 경로를 이용한다. ABCD를 이용하는 차량 200대 모두가 각 신호등 구간 200÷10=20분을 포함해 총 40분을 주행하므로 다리 개통 전보다 5분 더 이동시간이 늘었다. 수학적으로 보면, 모든 사람이 다리가 폐쇄됐다고 여기고 5분을 절약하는 게 훨씬 합리적이겠지만, 그러기 위해서는 굳은 믿음이 필요하다. 만약 150명 미만의 사람이 이 다리를 이용한다면, 다리 이용자들은 시간을 절약할 것이다. 필요 이상으로 오래, 특히 통근 시간에 교통 체증에 시달리고픈 사람은 없으니까.

아마 도시 계획가의 다음 연구 프로젝트는 다리 철거가

되지 않을까.

무정부의 규칙

이 장에서 설명한 다리와 관련된 상황은 브라에스 역설Braess's Paradox의 한 예다. 기존 도로망에 새로운 경로를 추가하면 오히려 전체 차량의 속도가 느려질 수 있다는 이 개념은 1968년 독일 수학자 디트리히 브라에스Dietrich Braess가 처음 발견했다. 이 이론은 교통뿐 아니라 스포츠 팀에도 적용된다. 도로망에 추가된 경로처럼 인기 선수 한 명이 대중의 관심을 독차지하면 팀의 효율성을 떨어뜨린다.

실제로 대한민국 서울의 도로 계획가들은 애초에 시내 주행 시간 개선을 위해 건설한 6차선 고속도로를 철거하자 오히려 교통 체증이 해소되는 걸 보고 깜짝 놀랐다.

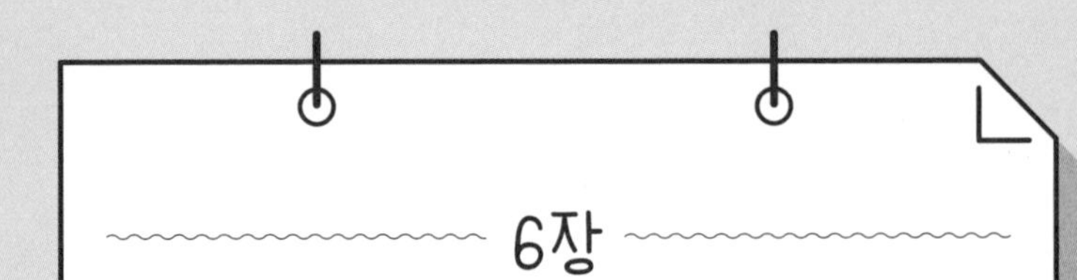

6장

인간은 얼마나 멀리 갈 수 있을까

지금까지 우리에게 매우 익숙한 이동 수단을 살펴보았는데, 150년 전에는 자동차와 자전거조차 공상 과학이었다. 그렇다면 미래에는 어떤 교통수단을 기대할 수 있을까? 우주 시대의 교통수단을 지배하는 수학 규칙은 무엇일까? 이러한 수단이 지속 가능한 친환경적 이동 방식이 될 수 있을까?

로켓 과학

이 책을 집필하는 현재, 적당한 시간 내로 장거리 여행을 하고 싶다면 유일하게 선택할 수 있는 현실적인 이동 수단은 제트기뿐이다. 인류는 1960년대에 처음 로켓을 이용해 사람들을 우주로 보냈다. 1980년대 무렵에는 재사용 가능한 우주 왕복선에 태우기도 했다. 지금쯤이면 우리는 로켓을 타고 오스트레일리아로 날아가야 하지 않을까?

비행기는 매우 빠르다. 여객기는 보통 시속 약 900km로 날 수 있다. 하지만 대기를 통과해 날아야 한다는 사실에 제한받는다. 물론 대기는 날개에 필요한 양력을 제공하고 엔진이 연료를 태우도록 자극하며 계속해서 비행기를 끌어 올린다. 약 20km 상공에서는 대기가 너무 희박해 대다수 비행기가 뜰 수 없다. 로켓은 동력 발사 단계에서 가장 얇은 대기층으로 빠르게 이동한다. 그러면 우주선은 마치 던져진 공처럼 아무 동력 없이도 남은 길을 효과적으로 날아갈 수 있다. 비행을 방해하는 대기가 거의 없거나 아예 없는 상태에서 로켓은 훨씬 더 빨리 이동할 수 있다.

하지만 우주까지 가려면 시간이 오래 걸리지 않을까? 간단히 답하면, 아니다. 런던에서 파리까지는 340km가 조금 넘는다. 런던(또는 다른 어느 곳)에서 우주까지는 약 100km다. 그렇다. 하늘을 향해 똑바로 운전해 올라갈 수 있다면, 겨우 두어 시간 만에 우주에 도달할 수 있다. 따라서 우주를 오르내리는 일은 지극히 짧은 여정에 불과하다.

수학적 모형화에 따른 추정

수학자나 공학자, 과학자 들은 오랫동안 발사되거나 던져진 물체, 즉 발사체를 연구해왔다. 알다시피 발사체는 포물선으로 알려진 호를 그리며 이동한다. 곡선 계열인 포물선은 수학적으로 다루거나 묘사하기가 수월하다. 로켓 비행을 발사체로 모형화하기 위해 몇 가지를 가정해 좀 더 쉽게 계산해보려 한다.

먼저 공기 저항이 큰 두꺼운 대기층에서는 각 비행의 시작과 끝부분을 살짝 무시할 수 있다고 가정하겠다. 둘째, 지구가 평평하다고 믿는 사람들이 좋아할 얘기지만, 우리의 로켓이 런던과 파리 사이에서 분명히 곡선을 그리는(지구 평평론자분들, 미안해요!) 지구와 달리 평평한 땅 위를 날고 있다고 가정하겠다. 셋째, 로켓은 최고 속도까지 올리는 데 분명 시간이 걸리지만, 우리의 로켓은 지상에서 최고 속도로 날아온 뒤 남은 여정 동안에는 다시 던져진 것처럼 해안으로 날아간다고 가정하겠다.

가장 단순한 포물선은 $y=x^2$이다.

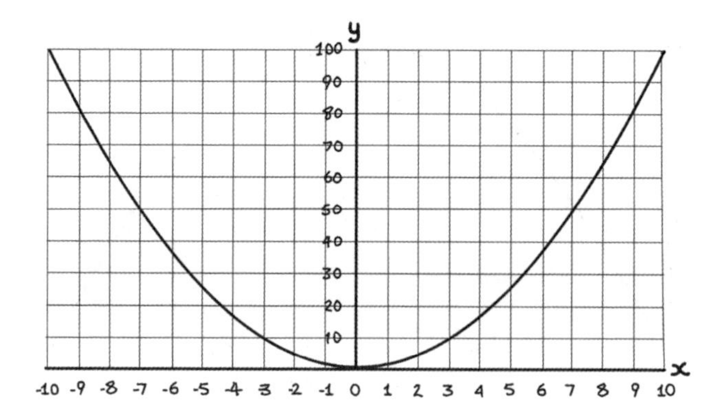

이 그래프를 그리려면 x값을 제곱해 y값을 구해야 한다. 귀여운 그래프지만, 아직은 우주선의 경로처럼 보이지 않는다. 따라서 방정식을 변환해야 원하는 모양을 얻을 수 있다. 그래프를 뒤집어 점 (0, 0)인 런던에서 340km 떨어진 점 (340, 0)인 파리까지 쭉 확장해야 한다.

$$y = -\left(\frac{x}{17}\right)^2 + 20\left(\frac{x}{17}\right)$$

그러면 런던에서 파리까지의 궤적이 드러난다.

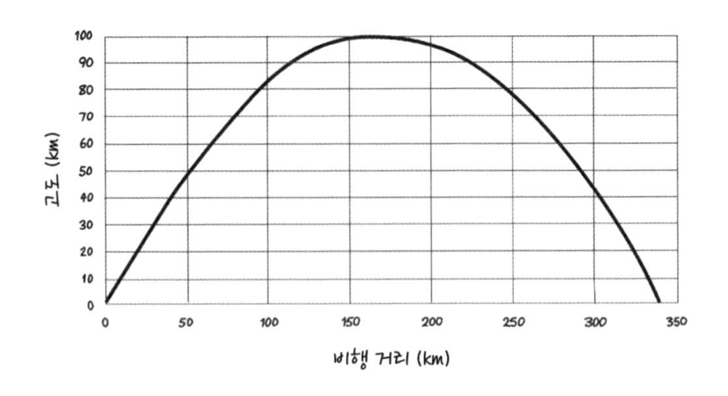

이륙 준비

이제 비행 계획을 세웠으니, 이 계획대로 발사 속도를 계산해보자. 로켓을 발사체로 모형화하면 발사체의 수직 운동과 수평 운동을 완전히 별개의 것으로 처리할 수 있어 좋다. 수평 운동은 어떠한 영향도 받지 않지만(공기 저항이 없다는 사실을 명심하자), 수직 운동은 중력의 영향만 받는다. 만약 중력을 일정하게 처리한다면(지구 상공 100km까지 크게 약해지지 않을 것), 이전 장에서 만났던 등가속도 운동 공식을 수직 운동에 사용할 수 있다. 따라서 우리는 이 공식이 필요하다.

$$v^2 = u^2 + 2as$$

이 방정식은 비행의 위쪽 부분에서 사용될 것이다. v는 최종 수직 속도로, 로켓이 곡선 꼭대기에 도달할 때, 즉 상승에서 하강으로 바뀌는 순간 0이 된다. u는 발사 시의 초기 수직 속도로, 내가 알고 싶은 값이다. a는 가속도로, 이 경우 중력에 의해 -9.8m/s^2이다(중력이 로켓을 아래로 당기고 있으므로 음수다). s는 시작점으로부터 수직 거리인 100km(100,000m)로 공간의 가장자리다.

등가속도 운동 공식을 u에 관하여 정리하면 다음과 같다.

$$u^2 = v^2 - 2as$$

$$u = \sqrt{v^2 - 2as}$$

이 식에 각각의 값을 대입해보자.

$$u = \sqrt{0^2 - 2 \times -9.8 \times 100{,}000}$$

이 식을 계산하면 수직 발사 속도는 약 1,400m/s다. 약 344m/s인 음속보다 빠르다. 따라서 이 속도는 콩코드 여객기 최고 속도의 2배인 약 마하 4이다. 물론 수평 속도는 아직 고려하지 않았다. 수평 속도를 구하려면 로켓이 우주로 가는데 얼마나 걸릴지 알아야 한다. 시간 t를 포함하는 v=u+at 방정식을 이용하면 구할 수 있다.

이 식을 t에 관하여 정리해보자.

$$t = \frac{v - u}{a}$$

이 식에 v와 u, a의 값을 대입하면 다음과 같다.

$$t = \frac{0 - 1400}{-9.8}$$

이 식을 계산하면 시간 t=143초, 즉 2분 23초다. 그래프를 통해 보면 로켓이 2분 23초 동안 수평으로 170km (170,000m) 날아간다는 사실을 알 수 있다. 속도=거리÷시간을 이용하면 된다. 수평 운동은 가속도가 없다.

$$수평\ 속도 = 170,000 \div 143$$

이 식을 계산하면 1,189m/s보다 살짝 낮은 수평 속도 값이 나온다. 이제 수직 속도와 수평 속도를 직각삼각형의 변의 길이로 삼아 피타고라스의 정리를 이용한다.

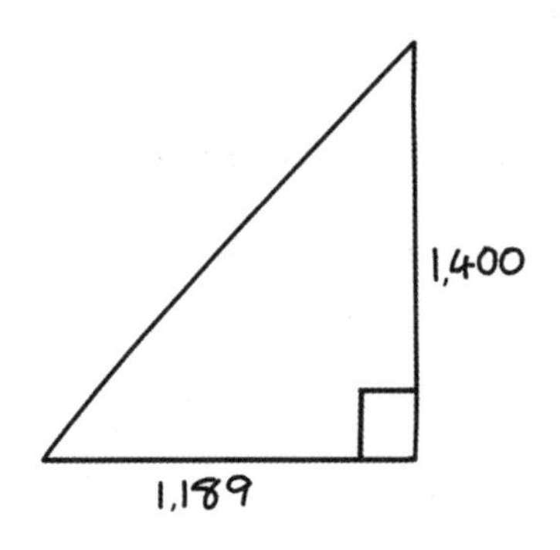

$$h = \sqrt{1,189^2 + 1,400^2}$$

따라서 우리의 발사체는 1,838m/s 또는 약 6,600km/h로 발사되어야 한다. 비행 시간은 2×143=286초, 즉 4분 46초다. 런던과 파리까지 5분도 안 걸린다!

하지만 우리의 로켓은 직선으로 쭉 뻗어 날아가는 발사체가 아닐 것이다. 따라서 시속 6,600km로 즉각 발사될 수 없다. 그 속도까지 올리거나 반대쪽에서 속도를 늦출 때도 시간이 걸린다. 우리의 발사체가 파리에 '도착'하려면 비스듬히 발사되어야 하지만, 일반 로켓은 곧장 위로 발사되어 궤적을 그릴 것이다. 또한 지구에는 곡면이 있으니 이 문제를 연구하는 사람이라면 그 점을 고려해야 한다. 모든 게 좀 복잡해지긴 하지만, 어쨌든 로켓 과학이다!

간단히 말해 온전한 인간을 로켓에 태워 런던에서 파리로 보내려면 5분이 걸린다. 하지만 우리가 만든 간단한 수학 모델은 이 방법이 현재 가능한 것보다 훨씬 더 빨리 세계를 일주할 수 있다는 사실을 보여준다. 또한 지속 가능한 방법이 될 수도 있다. 녹색 전기를 사용해 수소와 산소로 쪼개진 물에서 로켓 연료를 만드는 게 가능하다. 일단 연소되면, 이 연료는 다시 물이 된다.

진짜 힘들어

로켓 여행을 하려면 아직은 우주 정거장까지 가야 한다.

참 아이러니하게도 몇 분 만에 지구 반 바퀴를 도는 로켓을 타고 몇 시간을 날아가야 우주 정거장에 도착한다. 만약 런던 근처의 히스로 공항이 영국의 우주 정거장이라면, 현재 가능한 대중교통을 이용해 4시간 안에 공항에 도착할 수 있을 것이다.

로켓 여행에서 보았듯이, 공기 저항은 하늘을 나는 데 정말 방해가 된다. 공기 저항은 주행 속도의 제곱에 비례한다. 즉, 속도를 2배로 하면 공기 저항의 크기는 4배가 된다. 이동 수단이 최고 속도에 도달한다는 건, 그게 다리든 말이든 혹은 바퀴나 프로펠러를 돌리는 엔진이든, 생성되는 모든 추진 에너지가 공기 저항을 능가한다는 뜻이다.

공기 저항력을 지칭하는 공기 항력은 다음과 같은 방정식을 따른다.

$$F_D = \frac{1}{2}\rho v^2 C_D A$$

이 공식이 복잡해 보일 수 있지만, 모든 기호를 이해하고 나면 그럭저럭 괜찮을 것이다. C_D 및 A는 운송 수단의 기하학과 관련 있다. A는 도형의 단면적, C_D는 움직이는 물체의 모양을 설명하는 항력 계수다. 공기역학적, 유선형 운송 수단은 항력 계수가 훨씬 낮다. v는 우리의 오랜 친구인 속도로, 앞서 말했던 문제의 핵심대로 제곱된다. 그리스 문자 ρ(rho, 로)는 유체의 밀도를 나타내며, 여기서는 우리가 통과하려는 공기의 밀도가 된다.

숨을 깊이 들이마시자

공기가 적을수록 밀도가 낮아지므로, 항력이 낮고 에너지가 많을수록 빠르게 갈 수 있다. 이 원리의 좋은 예가 멕시코 시티에서 열린 1968년 올림픽이다. 고도 2,250m의 기압은 해수면보다 약 20% 낮다. 압력은 밀도에 비례하므로 공기의 밀도 역시 약 20% 낮아진다. 이것은 결국 항력도 20% 낮다는 걸 의미한다. 그 결과, 800m 이하 육상 종목 대부분에서 세계 기록이 나왔고, 특히 밥 비먼Bob Beamon의 멀리뛰기 기록 8.9m는 오늘날까지 올림픽 기록으로 남아 있다.

그렇다고 이 원리를 이용하고 싶을 때마다 우주를 여행하고 싶지는 않다. 그렇다면 우주를 지구로 가져올 방법이 있을까? 있다. 내가 차를 타고 긴 터널을 주행하고 있다면, 터널이 봉쇄되고 공기가 일부 또는 전부 밖으로 빠져나갔을 때 차가 더 빨리 달릴 수 있다.

이 터널에서는 공기 중 산소에 의존해 연료를 태우므로 연소 기관을 사용하지 못할 것이다. 그래도 괜찮다. 전기 자동차가 이제 점점 흔해지고 있고 전기 모터는 내연기관과 달라 동력을 생산하는 데 공기가 필요하지 않다. 공기의 방해를 받지 않아 에너지가 덜 소비되므로, 회전하는 바퀴에 더 많은 에너지를 투입할 수 있다.

정상 대기에서 35m/s(120km/h 또는 75mph)의 속도를 낼 수 있는 적당히 밀폐된 전기 자동차가 있다고 가정해보자. 이 자동차는 기압이 10%에 불과한 터널을 얼마나 빨리 달릴 수 있을까? 음, 공기 저항을 10배 줄이면, 이론적으로는 최고 속도가 10배 늘어나므로 시속 120km로 달릴 수 있게 된다.

내가 이론적이라고 말한 이유는 자동차의 에너지 중 일부가 모터와 바퀴, 구동축 등 움직이는 부품에 쓰이기 때문이다. 전통적인 자동차 엔진은 작동되는 분당 회전수가 다양한데 6,000rpm이 넘으면 툴툴거리기 시작한다. 전기 자동차는 왕왕 20,000rpm까지 오르곤 한다. 하지만 시속 120km로 달리는 자동차는 더 큰 기어를 사용하더라도 훨씬 더 높은 rpm이 필요할 것이다. 이 움직이는 부품들을 제거할 방법이 있을까?

참 개인적인 자기장

마지막 질문의 대답은 '그렇다'다. 자기 부상과 추진력을 사용하면 된다. 초등학교에서 자석 양 끝에 N극과 S극이라는 두 개의 극이 있다는 걸 배웠을 것이다. 반대 극끼리는 끌어당기고 같은 극끼리는 밀어낸다. 왜 그럴까? 그 이유는 기본 입자의 회전과 전기장이 자기장을 생성하는 방식과 관련이 있는데, 밀어낼 때나 당길 때나 마찬가지다. 여기서 박사 학위는 있어야 얘기해볼 수 있을 것 같은 '양자'라는 과학 개념이 등장한다. 그러나 양자역학을 거의 모르는 엔지니어들은 극성의 반발력을 활용해 기차를 비롯한 물체를 띄울 수 있다.

그뿐 아니라 자력을 이용해 기차를 선로 아래로 밀고 당길 수도 있다. 빠르게 전환되는 전류로 생성된 자기장으로 기차를 특정 지점으로 당긴 뒤 열차가 지나간 대로 밀어내면 된다.

자기부상열차는 1984년부터 운행되었으며, 버밍엄 기차역에서 자기부상열차를 타면 버밍엄 공항까지 갈 수 있었다. 현재 자기부상열차 시스템은 주로 중국과 일본, 한국 등 아시아 지역에서 이용되고 있다. 왜 어디든 있지 않을까? 음, 자기부상열차는 일반 기차보다 운행비가 저렴하고 편안하지만, 제작 비용이 엄청 비싸다.

진공 튜브를 달리는 자기부상열차인 하이퍼루프Hyperloop는 아직 등장하지 않았지만, 계속 지켜볼 필요가 있다. 몇몇 회사가 하이퍼루프 기술을 개발하고 있고, 인체 실험도 진행했기 때문이다. 운이 좋다면 이제 곧 진공 튜브와 로켓을 타고 한두 시간 만에 지구 반대편에 갈 수 있을 것이다.

그럴듯한 이야기

로버트 고더드Robert Goddard는 미국의 로켓 기술자로, 로켓 분야에서 매우 실용적인 도약을 이룬 공을 인정받았다. 허블 우주 망원경과 국제 우주 정거장과의 통신이 이루어지는 고더드 우주 비행 센터는 그의 이름을 따 명명되었다. 고더드는 단편소설을 통해 직접 발명한 진공 열차를 선보이기도 했다. 고더드의 소설 《하이 스피드 베트The High-Speed Bet》는 출간되지 않았지만, 대중 과학 잡지 《사이언티픽 아메리칸Scientific American》은 〈고속 운송 수단의 한계The Limit of Rapid Transit〉라는 사설을 통해 이 소설의 내용을 자세히 다루었다.

3부

직장 생활이 편해지는 수학 한 스푼

수학 덕에 무사히 일터에 도착했다. 자, 어떻게 하면 수학으로 일과 관련된 모든 것을 해치울 수 있을까? 지금부터는 고용과 해고, 이윤 극대화 그리고 이상적인 업무 배치와 관련된 수학을 살펴보자.

7장

최고의 지원자를 뽑기 위한 채용 전략

레스토랑 매니저가 되어 새로운 직원을 채용한다고 해보자. 소개소에서 면접 대상자 20명의 명단을 보내왔지만, 일일이 면접을 보기에는 지원자가 많은 데다 다들 경력도 비슷하고 이력서도 잘 작성했다. 그리고 만약 누군가와 면접을 보고 나면 마지막에 가서는 반드시 채용 여부를 알려주어야 한다. 채용되지 않은 지원자는 다른 일자리를 구할 수도 있으니 그들에게 다시 연락할 기회는 없다. 어떻게 하면 최고의 직원, 아니 최고는 아니더라도 우수한 직원을 뽑을 수 있을까?

우선 몇 가지 확률을 살펴보겠다. 시간을 아끼는 가장 좋은 방법은 무작위로 직원을 뽑는 것이다. 이때 최고의 지원자를 채용할 확률은 20명 중 1명, 즉 5%다. 썩 내키진 않지만 바쁜 이들은 기꺼이 감수할 만한 모험이다.

또 다른 극단적인 방법은 20명의 지원자 모두를 면접하는 것이다. 하지만 이렇게 하면 마지막 후보자를 고용하는 것 말고는 선택의 여지가 없으므로, 그 지원자가 최고일 확률도 5%에 불과하다. 오랜 시간 공들여 면접을 봤지만 사실상 더 나아진 게 없다.

채용 전략

이 경우, 면접을 시작하기 전에 지원자의 능력이 얼마나 뛰어난지 전혀 알 수 없다. 지원자들의 이력서에 의존할 수는 있지만, 막상 이력서만 믿고 채용하고 나면 100% 마음에 들지 않을 수도 있다. 마치 야심만만하게 예상보다 일찍 예산에 맞는 주방 조명등을 알아서 달았지만, 아내가 '주방 등이 나가면 바꿔야지'라며 시큰둥하게 말할 때처럼 말이다.

한 가지 전략은 폐기 표본을 정해 채용하지 않을 지원자를 면접하며 지원자들의 전체 수준을 파악하는 것이다. 그런 다음 폐기 표본에 해당하는 지원자보다 더 나은 지원자를 만날 때까지 계속 면접한다. 그러면 꼭 최고는 아니더라도 좋은 지원자를 만날 수 있다.

이제 폐기 표본을 얼마나 크게 만들 것인지 생각해야 한다. 다음 그림에 있는 각 지원자의 숫자는 그들의 순위를 나타낸다. 1이 가장 좋은 지원자이고 20이 가장 나쁜 지원자다. 폐기 표본이 너무 작으면 그 표본에서 더 나은 지원자를 찾지 못할 가능성이 있으므로 그다음 가장 좋은 지원자는 평범할 것이다.

반면, 표본이 너무 크면 가장 훌륭한 지원자들이 폐기 표본군에 속할 위험이 커진다. 즉, 나머지 지원자 중 누구도 더 낫지 않을 테고, 우연히 순위가 제일 낮은 지원자와 만날지도 모른다. 사실, 최고의 지원자가 폐기 표본에 포함되면, 당신은 끝장이다.

폐기 표본에 포함할 적정 수의 지원자는 그 중간쯤에 있다. 어떻게 하면 그 수를 찾을 수 있을까? 지원자 수를 줄여 결과가 어떻게 되는지 알아보자.

지원자가 1명일 경우, 그 사람이 최고이자 최악의 후보이므로 딱히 수학이 필요 없다. 지원자가 2명이라면, 무작위로 추측해도 최고의 직원을 채용할 확률이 50%다. 우리의 폐기 표본에는 오직 1명, 즉 최고의 지원자이거나 그 외 사람이 있으므로 다시 한번 최고의 직원을 얻을 수 있는 50%의 가능성이 있다.

아직 폐기 표본 전략이 무작위 선발에 도움을 주지 않았지만 지원자 수가 늘어나면 그 진가를 발휘할 것이다. 지원자가 3명이라면, 무작위 추측은 33.3%가 된다. 이제 폐기 표본 전략을 이용하면 한두 번의 면접만 하면 된다. 지금쯤이면 지원자를 만나는 순서가 정말 중요하다는 사실을 알았을 것이다. 각 지원자가 1등, 2등, 3등을 하나씩 차지한다면, 다양한 순열을 통해 채용에 성공할 기회를 얻게 될 것이다. 지원자 3명은 다음 6가지 방법으로 배열할 수 있다.

1 2 3, 1 3 2, 2 1 3, 2 3 1, 3 1 2, 3 2 1

폐기 표본 면접을 딱 한 번만 실시한다면, 1등 지원자를 얻을 기회가 몇 번 있는지 살펴보자. 1 2 3의 순서라면, 최고의 지원자는 폐기되고, 2등은 1등에 비해 좋은 인상을 남기지 못하므로 결국 3등이 채용된다.

폐기 표본

면접 후 불합격

채용

그리 바람직한 결과는 아니다. 만약 1 3 2의 순서라면, 최소한 두 번째로 우수한 지원자를 채용할 수 있다.

이게 어떤 식으로 돌아가는지 이해가 되는가. 2 1 3과 2 3 1의 경우에는 2등이 전부 폐기되고 1등이 채용된다. 훌륭하다! 3 1 2의 순서라면 다시 1등이 채용될 수 있지만, 3 2 1이라면 2등이 채용된다.

전체적으로 이 방법은 1을 얻을 확률이 6번 중 3번, 즉 적중률이 50%이므로 무작위 확률의 33.3%보다 상당히 크다. 만약 폐기 표본에서 두 사람을 면접 본다면, 마지막 지원자가 누구든 채용될 수 있으므로 이 경우 역시 33.3%의 확률이 된다.

자, 이제 지원자를 4명으로 늘려보자. 그러면 그들을 배열하는 방법은 24가지가 된다. 폐기 표본이 한 명일 경우, 우승자에게 밑줄을 그어 나올 수 있는 결과를 표시하면 다음과 같다.

1234, 1243, 1324, 1342, 1423, 1432, 2134, 2143,
2314, 2341, 2413, 2431, 3124, 3142, 3214, 3241,
3412, 3421, 4123, 4132, 4213, 4231, 4312, 4321

24명 중 1등을 채용한 횟수는 11번이므로 확률은 45.8%다. 자세한 내용은 생략하겠지만, 만약 폐기 표본을 2명으로 정한다면, 24번 중 10번, 즉 41.7%로 끝난다. 폐기 표본에 3명을 둔다면, 마지막 지원자를 택해야 한다. 그러면 애초에 추측했던 25%와 같다.

폐기 표본을 두지 않는 것과 폐기 표본에 너무 많은 지원자를 넣는 것은 결국 무작위 확률과 같은 성공 가능성이 있다는 뜻이다. 폐기 표본의 가장 적합한 규모는 중간 어디쯤이므로, 이것이 최고의 직원을 뽑을 가장 좋은 전략이다.

20명이면 충분하다

지원자 20명을 대상으로 한 시나리오는 계산할 게 많다. 만약 앞서 설명한 방법을 따라 한다면, 지원자 20명으로 가능한 모든 순서를 작성해야 할 것이다. 지원자가 3명이면 배열 방식이 6가지, 4명이면 24가지였다. 지원자가 20명이라면 2,432,902,008,176,640,000가지이므로, 2조 4000억이 조금 넘는 가짓수가 된다. 그러면 0명부터 19명에 이르는 각 크기의 폐기 표본에서 합격자 수를 계산해야 한다.

다행히도 약간의 수학적 지식과 스프레드시트를 이용하면 계산 속도를 높일 수 있다. 후보자들이 줄지어 있는 모습을 상상하면, 특정 위치에 있는 지원자가 합격할 확률을 계산할 수 있다.

위 그림에서 물음표가 달린 지원자가 합격할 확률을 계산해보자. 이 지원자가 폐기 표본에 포함되어 있으면(아래 그림

의 점선 상자), 이 지원자를 선택할 수 없으므로 채용에 성공할 확률은 0이다.

만약 물음표가 달린 지원자가 폐기 표본 밖에 있다면, 이 지원자 앞에 있는 모든 사람보다 더 나은 지원자가 폐기 표본 안에 있어야 채용될 수 있다.

위의 예에서, 폐기 표본에 속한 사람 중 1명은
물음표 지원자에 앞서 면접을 본 2명보다 순위가 높으면서
물음표 지원자보다는 높지 않아야 한다.

이러한 일이 일어날 가능성은 폐기 표본의 크기를 우리

가 고려하는 지원자 앞 대기열에 있는 사람 수로 나눠야 알 수 있다. 위의 그림을 보면 폐기 표본에는 6명이 있고, 물음표 지원자 앞에는 8명이 있다. 따라서 우리의 물음표 지원자가 뽑힐 확률은 6÷8=75%다. 결국 물음표 지원자가 실제로 최고의 합격자일 확률은 20명 중 1명이므로 5%다. 지원자가 뽑힐 확률과 최고 지원자일 확률을 곱하면, 이 시나리오의 결실 확률이 나온다. 다음은 각 폐기 표본 크기에 서 최고의 지원자를 얻을 확률을 나타낸 그래프다. 앞서 설명한 방법을 이용해 계산했다.

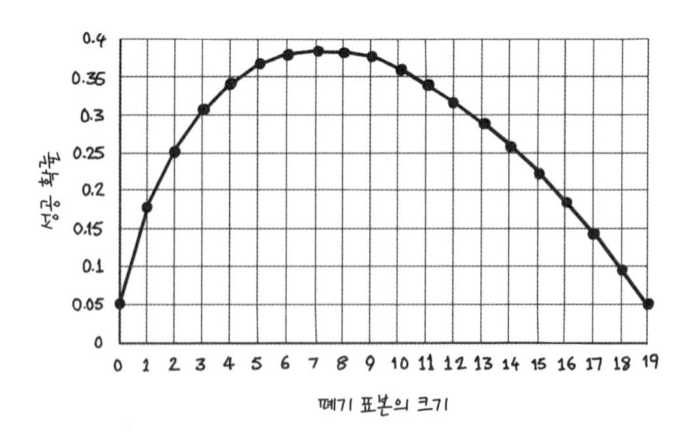

이 그래프에 따르면 폐기 표본의 크기가 7명일 때의 확률이 가장 높다. 채용에 성공할 확률이 약 38.4%로, 운 좋게 성공할 확률 5%보다 훨씬 높은 수치다. 일반적으로 수학에서는 이러한 유형의 상황에서, 직원을 뽑든, 데이팅 사이트에서 미래의 배우자를 고르든, 37%의 사람들을 만나고, 그들을 무시한 후, 그때까지 만났던 모든 사람보다 더 나은 사람을 만나면 선택하라고 말한다.

적합성 문제

애초 미국 수학자 메릴 플러드Merrill Flood가 약혼자 문제Fiancée Problem라고 부른 직원 채용 문제는 술탄의 지참금 문제Sultan's Dowry Problem, 까다로운 구혼자 문제Fussy Suitor Problem 또는 구골 게임Googol Game으로도 부른다.

만약 지원자들이 본인의 선발 과정이 어떻게 진행되는지 알게 된다면, 면접을 꺼릴 수도 있다는 사실에 주목할 가치가 있을 것이다! 짐작건대 면접관은 대부분의 나라에서 고용법 위반으로 신고될 것이다.

8장

수익 극대화를 알려주는 수학

수많은 기업이 다양한 제품을 만들어 판매하여 수익을 창출한다. 개념은 간단하지만, 많은 시간과 노력을 들여야 하는 문제다. 수익을 극대화하려면, 각각의 제품을 얼마나 만들어야 할까? 여기서 수학이 출동한다.

부등식 이용하기

이 상황에서 극복해야 할 첫 번째 문제는 사업을 수학적 모델로 변환하는 것이다. 예를 들어 '그네 & 회전목마'라는 회사가 있다고 상상해보자. 짐작했겠지만 이 회사는 그네와 회전목마를 만든다. 이 회사의 제조 방침에는 다음과 같은 몇 가지 제약이 있다.

1. 회사는 매일 최대 그네 세트와 회전목마 각각 10개를 만들 만큼 충분한 원자재를 납품받는다.

2. 작업반 계약서에는 하루에 최소 7개의 제품을 만들어야 한다고 명시되어 있다.

3. 노조 규약에 따르면 작업반은 하루에 최대 15개의 제품만 만들면 된다.

4. '그네 & 회전목마'는 그네 세트로 40파운드, 회전목마로 100파운드의 수익을 얻는다.

얼핏 보면 암산으로 풀 수 있는 아주 간단한 문제 같지만, 일단 개념을 이해하면 훨씬 더 복잡한 상황으로 확장돼가는 과정을 확인할 수 있다. 먼저, 매일 제작되는 회전목마의 개수를 r, 그네 세트의 개수를 s라고 해보자.

첫 번째 주요 사항에 r과 s에 관한 사실이 나와 있다. r과 s는 둘 다 10보다 작거나 같아야 한다.

$$r \leq 10$$

$$s \leq 10$$

두 번째 사항에 따르면, r과 s의 총합은 7보다 크거나 같아야 한다.

$$r + s \geq 7$$

세 번째 사항에 따르면, r과 s의 총합은 15보다 작거나 같아야 한다.

$$r + s \leq 15$$

마지막 사항을 처리하려면 수익을 나타낼 또 다른 변수 P가 필요하다.

$$P = 100r + 40s$$

미심쩍을 때는 선을 그리자

위의 모든 부등식을 어떻게든 해결해야 한다는 생각에 가슴이 철렁 내려앉았는가? 걱정하지 마시라. 우리에게는 시각적 해법이 있다. 말하자면 모든 등식을 그래프로 나타내는 것이다. 방정식 r=10 및 s=10으로 시작하면 훨씬 수월하다.

가로축을 r이라고 하면, 숫자 10에서 위로 올라가는 직선은 r=10인 모든 점을 나타낸다. 마찬가지로, 세로축을 s라고 하면, 숫자 10에서 오른쪽으로 뻗은 직선은 s=10인 모든 점을 나타낸다.

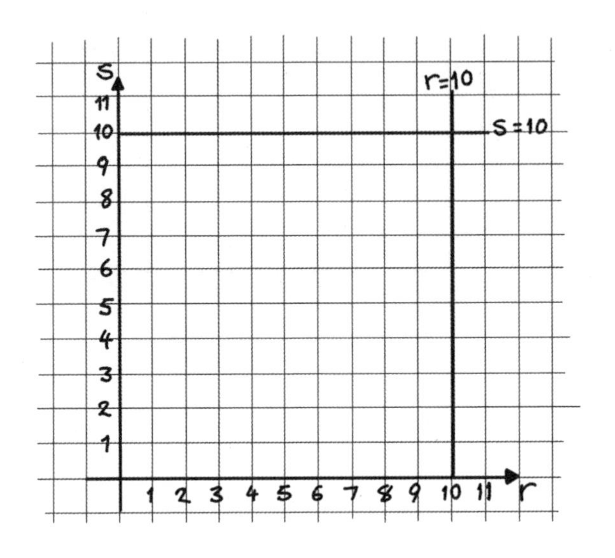

부등식은 그래프의 선이 아니라 영역으로 나타낸다. 위 부등식을 좌표 평면에 나타내기 위해 허락하지 않은 영역, 즉 두 직선으로 나타낸 정사각형 바깥 부분을 색칠한다. 왜냐하면 r과 s가 10보다 큰 영역이기 때문이다.

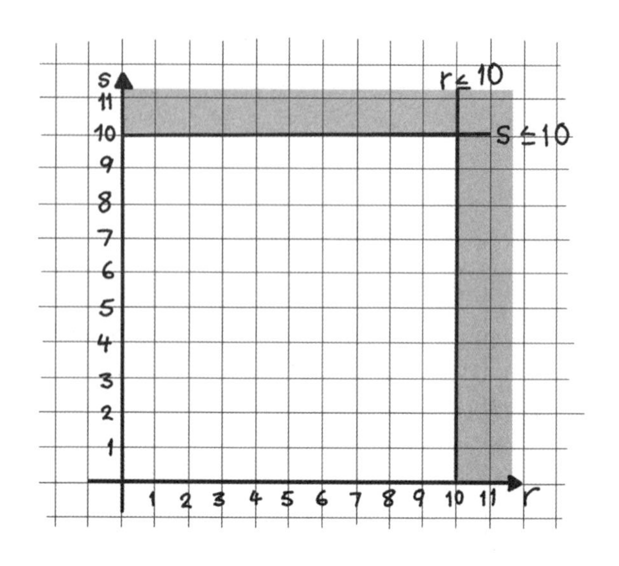

색칠하지 않은 영역은 실현 가능 영역feasible region으로, 정사각형을 이루는 점과 그 내부의 점은 모두 부등식을 따른다. 하지만 우리는 이대로 만족하지 않고 더 많은 부등식을 추가해야 한다. 이전처럼 등식을 먼저 생각한 뒤 부등식이 허락하지 않은 영역을 색칠할 것이다. $r+s=7$의 경우, r과 s의 합이 7이 되는 점을 생각해야 한다. 따라서 (0, 7), (1, 6), (2, 5), (3, 4), (4, 3), (5, 2), (6, 1), (7, 0)이다. 그리고 이 점을 모두 지나는 또 다른 직선 그래프를 그린다. 다시 한번 $r+s$가 7보다 작은 영역을 색칠한다. 부등식이 허락하지 않은 영역이기 때문이다. $r+s \leq 15$도 비슷한 과정을 따라 $r+s=15$를 만족하는 모든 점의 위치를 구해 직선을 그은 다음 허락하지 않은 영역을 색칠한다.

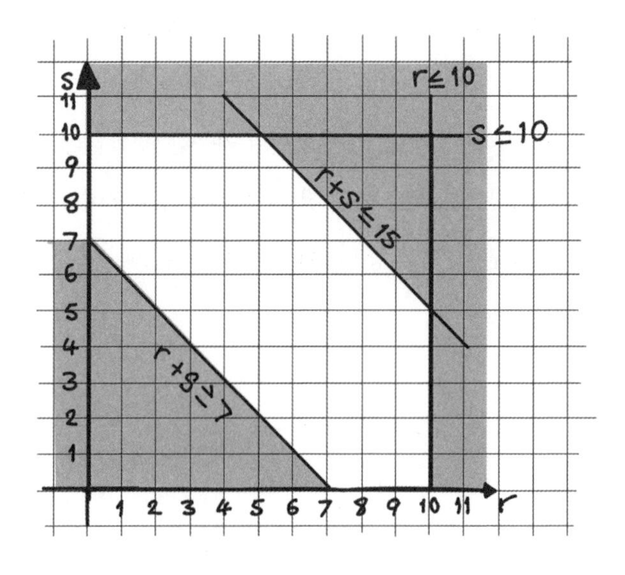

색칠하지 않은 영역은 부등식이 허락하는 모든 점을 보여

준다. 만약 육각형 내부나 측면의 변에 있는 어떤 점을 선택한다면, 그 점은 처음 세 규칙에 모두 들어맞을 것이다. 앞으로 할 일은 최대 이익이 어느 점에서 나오는지 알아내는 것이다.

수익 예측

육각형 안에 있는 모든 점으로 수익을 계산하면, 최대 수익이 얼마인지 알 수 있다. 점의 개수가 총 78개이므로, 여러 번의 계산을 해야 한다. 차라리 실현 가능한 영역 내에 있는 점 하나를 고르자. 예를 들어 점 (5, 6)은 r=5, s=6이라는 뜻이므로, 이 값을 수익 방정식에 대입하면 다음과 같은 결과가 나온다.

$$P = 100 \times 5 + 40 \times 6$$

$$P = 500 + 240$$

$$P = 740$$

따라서 회전목마 5개와 그네 세트 6개를 팔면, 이 회사는

740파운드의 이익을 얻게 될 것이다. 하지만 740파운드의 이익이 나오는 점들은 또 있다. 예를 들어 r=7, s=1을 대입해도 같은 값이 나올 게 뻔하다. 따라서 P=740을 나타내는 직선 그래프를 하나 더 그릴 수 있다. 이 직선 위의 많은 점을 일일이 대입하는 건 사실상 불가능하다. 그네와 회전목마 수는 자연수로만 나타낼 수 있기 때문이다. 900파운드의 이익을 낼 수 있는 그래프도 그릴 수 있다.

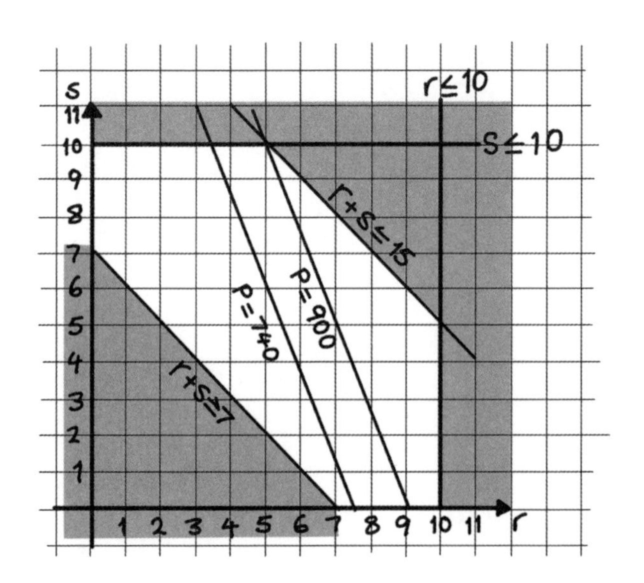

여기서 알 수 있는 게 있다. P=740과 P=900을 나타내는 직선이 평행하다는 것이다. 이익, 즉 P값이 계속 커질수록 선 그래프가 가로질러 이동한다. 만약 P값을 계속 늘린다면 결국 그 직선은 실현 가능한 영역 밖에 있을 것이다. 하지만 마지막으로 대입할 수 있는 점은 (10, 5)라는 것을 알 수 있다. 즉 $r=10$, $s=5$, 그네 10세트와 회전목마 5개로, 최대 수익은 $100\times10+40\times5=1{,}200$파운드다. 문제 해결!

장부 조작

벤포드의 법칙Benford's law 또는 첫 자릿수의 법칙first-digit law에 따르면 수치 자료(예를 들어 회계 수치 혹은 투표수)의 첫 번째 자릿수는 고르게 분포하지 않는다. 첫 번째 자리에 올 수 있는 수는 총 9개이므로, 각 숫자가 첫 번째 자리를 차지할 확률은 9분의 1이라고 추정할 수 있다. 하지만 벤포드의 법칙에 따라 숫자가 작을수록 첫 번째 자리를 차지할 확률이 커진다. 즉, 숫자 1은 첫 번째 자리가 될 확률이 30%가 넘는다.

미국 물리학자 프랭크 벤포드Frank Benford의 이름을 딴 벤포드의 법칙은 세금 목적으로 보고된 수치를 분석하는 데 사용되며, 이 법칙을 따르지 않는 모든 이례적 수치는 조작되었을 가능성이 크다. 그러니 만약 장부를 조작할 요량이라면, 반드시 수학적으로 처리하시라!

9장

최대 매칭 알고리즘

회사의 이익을 극대화할 방법을 알아냈으니, 이제 제품을 만들 차례다. 작업대 5개와 직원 5명이 있다고 상상해보자. 전문 능력은 꾸준히 향상되므로 직원들은 1개 이상의 작업대에서 일할 수 있다. 모든 직원을 작업대에 배정하고 그네와 회전목마를 제작하게 할 간단한 방법이 있을까?

찰떡궁합

세부 사항을 알아보자. 제품을 만들 직원 5명은 애나(A), 빌(B), 칼라(C), 대니(D), 엘스펫(E)이다. 애나는 1번과 4번 작업대, 빌은 2번과 4번, 5번 작업대, 칼라는 3번과 4번 작업대, 대니는 1번과 3번 작업대, 엘스펫은 1번과 3번, 5번 작업대에서 일할 수 있다. 당신은 어떨지 모르겠지만, 나는 벌써부터 골치가 아파온다.

어느 날 아침, 빌은 4번 작업대, 엘스펫은 3번 작업대, 애나는 1번 작업대에 있다. 이 상황을 그래프로 나타내보자. 이 그래프에서 왼쪽은 직원, 오른쪽은 작업대를 나타낸다. 나는 선을 그어 직원 3명과 그들이 맡은 작업대를 연결했다.

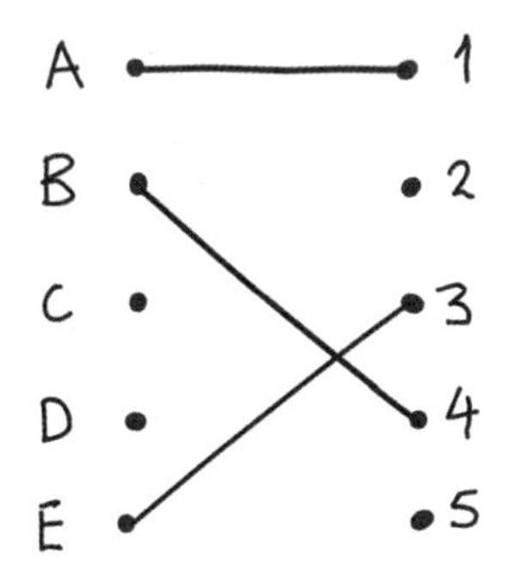

이제 수학자들이 알고리즘이라 부르는 방법을 이용해 모든 직원과 작업대를 연결해보자. 우선 작업대를 배정받지 못한 직원들, 이 경우에는 칼라 또는 대니 중 한 명을 골라 작업대를 선택하게 한다. 둘 중 한 명이 빈 작업대를 선택했다면, 아주 좋다. 이제 배정받지 못한 다음 직원으로 넘어가자. 그 직원이 선택한 작업대에 누군가가 있다면, 일할 수 있는 다른 작업대를 선택한다. 다시 한번, 아무도 그 작업대에 없다면 그다음 작업대 미배정자에게 향하고, 그 작업대에 누군가 있다면 다른 작업대를 선택하게 한다. 이 순환을 모든 직원이 작업대를 배정받을 때까지 반복한다. 모든 사람을 작업대와 연결하는 방법은 여러 가지가 있을 수 있으므로, 개개인의 선택에 따라 연결 방식이 달라진다. 이러한 알고리즘을 최대 매칭 알고리즘Maximum Matching Algorithm이라고 한다.

예를 들어 칼라부터 시작해보자. 칼라는 3번과 4번 작업대가 익숙하지만, 두 작업대 모두 다른 직원이 차지했다. 할 수 없이 엘스펫이 있는 3번을 선택한다. 엘스펫은 비어 있는 5번 작업대로 가기로 했다. 이제 그래프의 모양은 다음과 같다.

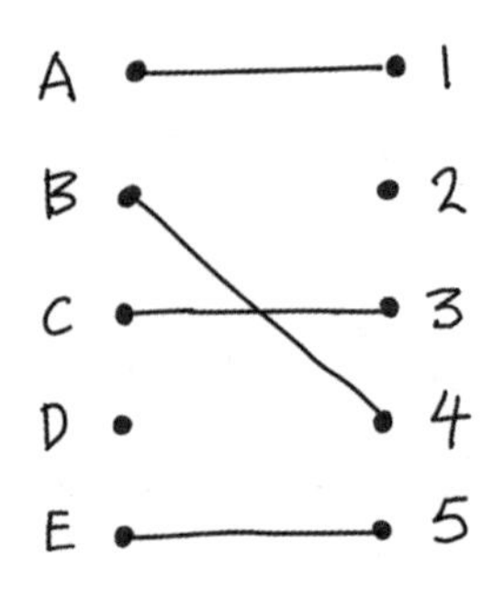

나는 변경된 배열을 다음과 같이 기록한다. =는 '일치'를 ≠는 '일치하지 않음'을 의미한다.

$$C = 3 \neq E = 5$$

교차 경로alternating path라고 부르는 이 방법은 매칭 작업을 나타내는 데 편리하다. 자, 이제 대니가 남았다. 대니는 1번이나 3번 작업대에서 일할 수 있지만, 둘 다 차 있다. 그래서 애나가 차지한 1번을 선택하고, 애나는 4번 작업대를 선택한다. 4번 작업대를 차지했던 빌은 비어 있는 2번 작업대로 향한다. 이 교차 경로는 다음과 같이 기록된다.

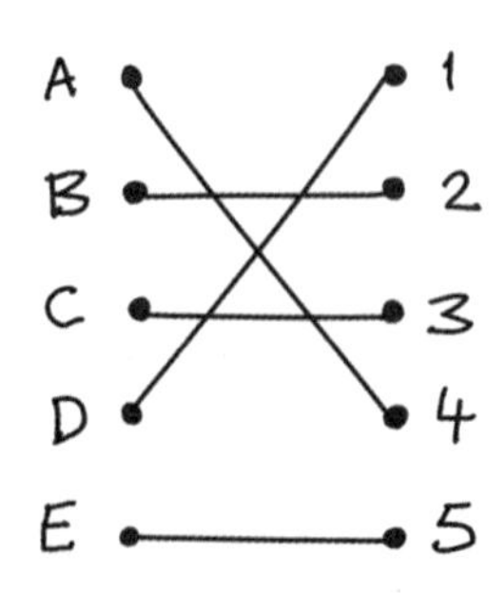

$$D = 1 \neq A = 4 \neq B = 2$$

이제 모든 직원이 작업대를 배정받았다. 이러한 결과를 최대 매칭이라고 한다.

만약 이 상황이 시시해 보인다면, 작업대 수백 개와 직원 수백 명이 있는 큰 작업장을 상상해보라. 그러면 편리한 알고리즘이 있다는 게 큰 도움이 될 것이고, 소프트웨어가 당신을 위해 매칭을 담당할 것이다.

상자 채우기 문제

한편 배송팀은 주문받은 그네 세트를 각각 트럭에 실어 여러 지역에 있는 공원과 DIY 매장으로 배송하려 한다. 이 회사는 트럭을 총 3대 소유하고 있고, 각 트럭은 60대의 그네 세트를 실을 수 있다. 그리고 각 고객이 요청한 그네 세트의 수가 다르다. 여기서 문제가 생겼다. 주문받은 상품의 개수를 쪼개지 않고 각 트럭을 채울 수 있을까?

이와 같은 상황은 상자 채우기 문제Bin Packing problem로 알려져 있으며, 완벽한 해결책을 찾을 수 있는 빠른 방법이 아직까지 없다. 하지만 해결책을 찾는 데 도움이 될 만한 몇 가지 수학 개념이 있다. 물론 최고의 길잡이는 아닐지라도.

다음은 주문 순서대로 나열한 그네 세트 수다.

9, 14, 25, 13, 26, 8, 23, 28, 12, 22

가장 먼저 배송에 필요한 최소 트럭 수를 계산해야 한다. 배송해야 하는 그네 세트 수를 모두 더한 뒤 각 트럭이 실을 수 있는 그네 세트 수 60으로 나눈다.

$$9 + 14 + 25 + 13 + 26 + 8 + 23 + 28 + 12 + 22 = 180$$

$$180 \div 60 = 3$$

이 결과는 딱 트럭 3대면 그네 세트를 모두 실을 수 있다는 걸 보여준다. 트럭에 짐을 채우는 방법 중 하나로 최초 적합 알고리즘First Fit Algorithm이라는 것이 있다. 주문 순서대로 1번 트럭부터 싣고 공간이 부족하면 다음 트럭으로 넘어간다. 1번 트럭의 남은 공간에 맞는 주문이 있다면 그곳에 신는다. 간단한 방법이지만, 완벽하게 짐을 실을 가능성은 적어 보인다.

첫 주문 3개는 9+14+25=48개이므로 1번 트럭에 모두 실을 수 있고, 이 트럭에는 12개 세트를 더 실을 공간도 남는다. 하지만 다음 배송분 13개 세트를 실으면 트럭 적재량 60개를 초과하므로, 네 번째 주문은 2번 트럭에 싣기로 한다. 다음 배송분 26개 세트도 2번 트럭에 실으면 된다. 그러나 그다음 배송분 8개 세트는 1번 트럭에 들어갈 수 있으니 그쪽에 싣는다. 이제 1번 트럭에 실은 그네 세트 수는 56개가 된다.

다음 배송분 23개 세트는 1번이나 2번 트럭 어디에도 실을 수 없으므로 3번 트럭에 싣는다. 다음 배송분 28개 세트까지 3번 트럭에 실으면, 이 트럭의 현재 적재량은 51개가 된다. 2번 트럭에 그다음 배송분 12개 세트를 실으면, 이 트럭의 현재 적재량도 51개가 된다.

안타깝게도 마지막 배송분 22개 세트는 어떤 트럭에도 실을 수 없으므로 다른 주문이 있을 때까지 기다려야 할 것이다. 따라서 이 알고리즘을 적용해 그네 세트 180개 중

56+51+51=158개를 배송할 수 있다.

이보다 더 나은 알고리즘은 주문 개수가 많은 그네 세트를 먼저 실은 뒤 해당 목록에 최초 적합을 적용하는 것이다. 이 방법은 아마 자동차 트렁크에 여행 가방을 실을 때 우리가 이미 하고 있는 방법과 비슷하다고 보면 된다. 대부분 트렁크를 채울 때 가장 큰 가방을 먼저 넣은 뒤 그 주위에 작은 가방을 끼워 넣는다. 자세한 내용은 생략하고 그 결과를 표로 정리해 보여주겠다.

트럭	배송물	총합
1	28, 26	54
2	25, 23, 12	60
3	22, 14, 13, 9	58

이번에는 8개짜리 그네 세트를 빼야 하지만, 트럭 1대는 완전히 채울 수 있다. 아직 완전하지는 않지만, 완벽한 해결책을 찾는 유일한 방법은 컴퓨터를 이용해 가능한 모든 조합을 알아내거나 눈으로 직접 확인하는 것이다. 고려해야 할

배송 건수가 10건에 불과하다면 별로 어렵지 않지만, 만약 수화물 수백만 개를 보내는 큰 배송 회사라면 훨씬 더 많은 노력을 들여야 할 것이다.

짐이 극도로 많다면

이 문제는 숫자가 커질수록 점점 어려워지지만 무한으로 쭉 올라가면 숫자는 차츰 사라진다. 무한히 많은 트럭이 이미 다 찼다고 해도, 사실상 더 많은 짐을 무한히 실을 수 있다. 어떻게? 간단하다. 1번 트럭의 모든 짐을 2번 트럭으로 옮긴 뒤 2번 트럭의 짐은 4번 트럭으로, 3번 트럭의 짐은 6번 트럭으로 옮긴다. 이 과정을 거치면 홀수 번호 트럭은 모두 비게 되고, 이렇게 빈 트럭은 무한히 늘어난다. 따라서 짐을 실을 수 있는 공간이 충분하다.

이 말이 이상하게 들린다면, 독일 수학자 다비트 힐베르트David Hilbert를 탓해도 좋다. 힐베르트는 무한히 큰 집합의 특이한 성질을 증명했을 뿐 아니라 오늘날까지도 수학자들을 바쁘게 하는 난제, 23개의 '힐베르트 문제'를 만들었다.

4부

쇼핑은 즐거워

사업을 위해서든 즐거움을 위해서든 물건을 사려면 숫자를 다루는 요령이 필요하다. 이번에는 돈의 수학으로 시작해 이베이에서 승리하는 법 및 상품을 배달하는 방법 등을 살펴보겠다.

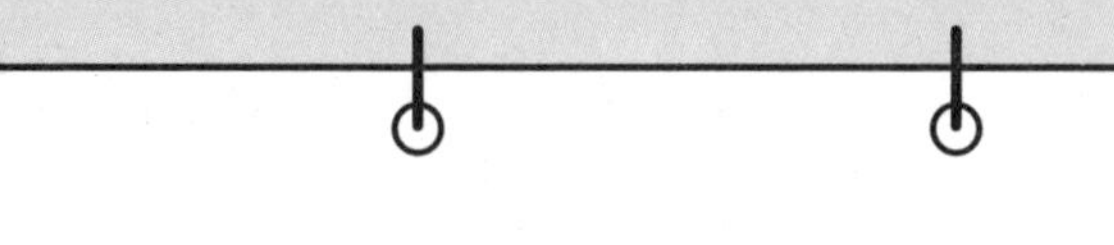

10장

구르지 않는 동전

부는 인류가 오랫동안 심취한 관심사였다. 부를 쉽게 휴대할 수 있는 가장 좋은 방법은 귀금속 한 덩어리를 지니고 다니는 것이었다. 시간이 흐르면서 이 귀금속은 대개 국가가 규정한 동전으로 발전했다. 우리는 더 이상 액면가의 가치가 있는 재료로 만든 동전을 갖고 다니지 않는다. 대신, 그 가치는 이론적으로 은행 금고 어딘가에 있는 귀금속 더미를 나타낸다. 지폐도 마찬가지다. 영국 지폐에는 그 가치가 얼마든 '이 지폐 소유자가 요구하면 해당 금액을 지급할 것을 약속한다'라는 문구가 새겨져 있다.

새로운 동전의 탄생

동전과 지폐가 등장한 이후, 조폐국은 위조범과의 전쟁을 선포했다. 1696년 영국 조폐국은 가장 뛰어난 지성인 중 한 명인 아이작 뉴턴을 영입해 화폐 문제를 해결하도록 했다.

뉴턴이 처음 왕립 조폐국을 맡았을 당시, 영국 동전의 10%가 위조된 것으로 추정되었다. 뉴턴은 위조 화폐 문제를 해결함과 동시에 맨 처음 주조된 동전의 일관성을 개선하는 일에 매진했다. 그리고 그의 명성에 걸맞은 과학적 열정을 쏟아부어 영국의 화폐 문제를 해결하며 1727년 사망할 때까지 조폐국장으로 일했다.

물론 동전은 온갖 모양과 크기로 주조되지만, 요즘에는 잘 굴러가는 동전이 유용하다. 그래야 자동판매기나 매표기처럼 동전 투입식 기계에 사용할 수 있다. 원형 동전은 위조하기가 비교적 쉬운 탓에 수많은 나라가 기하학을 이용해 매끈하게 굴러가는 비원형 동전을 만들었다.

어디 한번 굴려봐

동전이 평평한 표면을 따라서 굴러간다고 상상해보자. 동전이 표면과 닿는 지점에서 동전 꼭대기까지의 거리는 항상 같다.

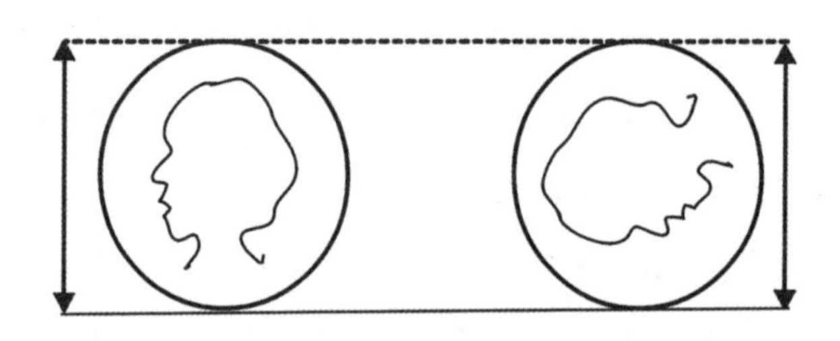

삼각형 모양의 동전(예를 들어 1987년 남태평양 쿡제도에서 발행한 2달러짜리 동전)을 상상해보자. 이 동전은 표면과 닿는 지점에서 동전 꼭대기까지의 거리가 천차만별이라 오래 구르기가 어렵다.

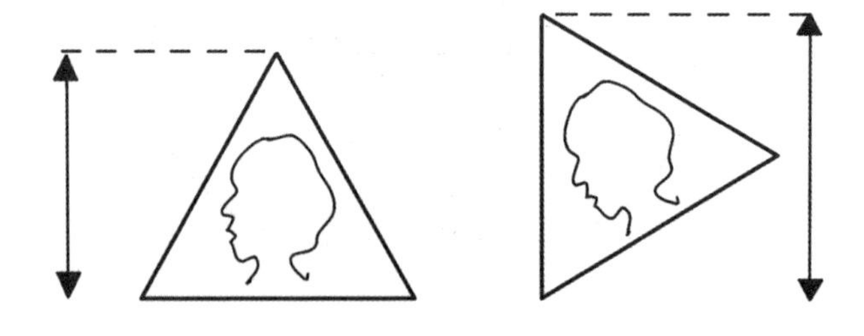

원 모양 물체는 표면에서 동전 꼭대기까지의 거리가 일정

한 폭을 유지하므로 잘 굴러간다. 삼각형 물체는 폭이 일정하지 않고 길이도 서로 다르다. 그렇다면 일정한 폭을 갖는 원 이외의 다른 모양을 만들 수 있을까?

삼각형을 둥그스름하게 만들면 될 것 같다. 삼각형의 각 꼭짓점에서 반대쪽으로 호를 그리는 것이다. 이 호의 반지름은 삼각형의 변의 길이와 같다.

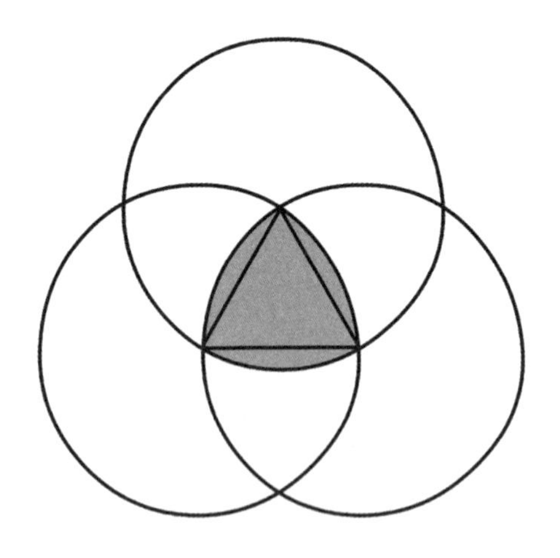

중앙에 있는 둥근 삼각형 모양을 뢸로 삼각형Reuleaux triangle이라고 한다.

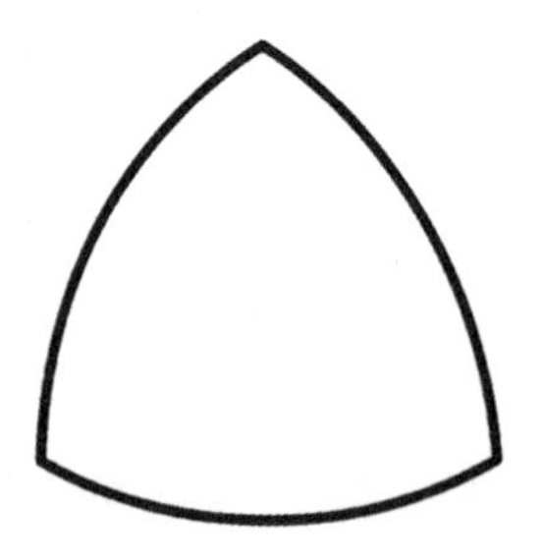

독일 기술자 프란츠 뢸로Franz Reuleaux가 고안한 이 모양은 평평한 표면에 있을 때 원처럼 위에서 아래까지의 거리가 일정하다. 따라서 이런 모양의 동전을 동전 투입식 기계에 넣으면 매끈하게 굴러간다.

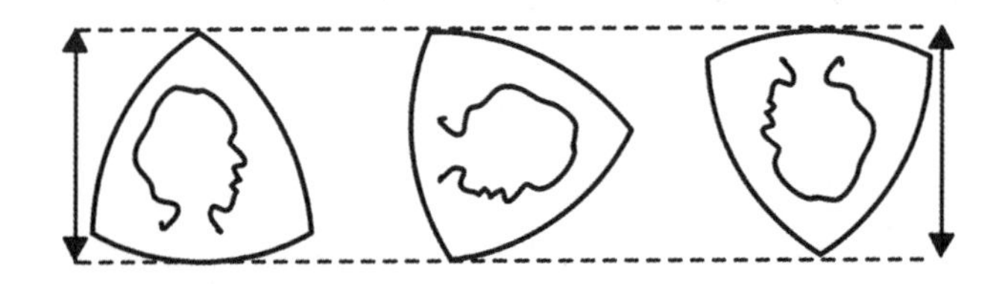

뢸로 삼각형의 장점은 또 있다. 시각 장애가 있는 사람들은 이 모양의 동전을 만지면 쉽게 구별할 수 있을 것이다. 게다가 모양이 매우 독특하다. 그래서 버뮤다는 특별한 날을 기념해 뢸로 삼각형 모양의 동전을 발행한다.

뢸로 삼각형은 몇 가지 흥미로운 특징이 있다. 우선 모든 폭이 일정해 맨홀 뚜껑에 딱 적합한 모양이다. 실수로라도 뚜껑을 맨홀 구멍 속에 빠뜨릴 가능성이 없기 때문이다. 또한 같은 폭의 원형 뚜껑보다 재료를 덜 사용해 생산 비용이 저렴하다.

그렇다면 '왜 뢸로 삼각형 모양의 바퀴는 만들지 않을까? 원과 같은 역할을 하면서도 면적이 훨씬 작잖아?'라는 의문이 생길지도 모른다. 원과 달리 뢸로 삼각형은 표면을 구를 때 그 중심이 같은 위치에 머물지 않는다. 그래서 뢸로 모양 바퀴는 매우 울퉁불퉁한 승차감을 준다. 참고로 중국인 관바이화关百华는 2009년에 뢸로 모양 바퀴를 이용해 특수 차축이 달린 자전거를 발명했다.

뢸로 삼각형 모양으로 드릴비트(드릴기계 앞 부분에 끼우는 금속 날.—옮긴이)를 만들면, 거의 정사각형에 가까운 구멍을 뚫을 수 있다. 파나소닉은 이 원리를 활용해 방 모퉁이까지 청소할 수 있는 뢸로 삼각형 모양의 로봇 청소기를 만들었다.

세 개 이상의 변이 있는 뢸로 다각형

뢸로 삼각형을 만든 방법으로 더 많은 변이 있는 다른 도형을 생각할 수 있다. 물론 영국인은 뢸로 오각형이나 칠각형에 익숙하다. 영국의 20펜스와 50펜스 동전은 뢸로 칠각형으로 이루어져 있다. 변의 수가 홀수 개인 도형이라면 얼마든지 뢸로 다각형을 만들 수 있다.

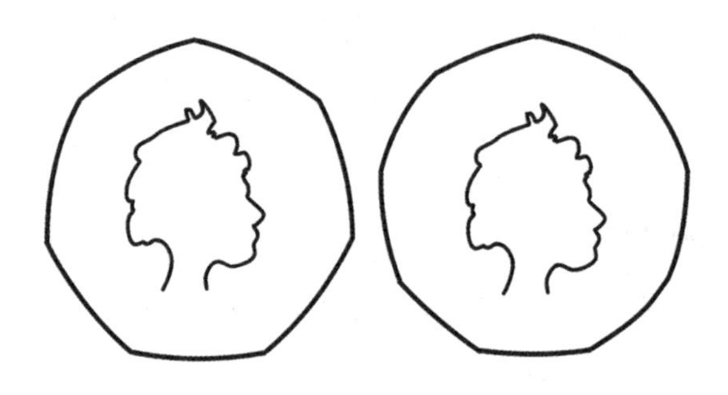

1983년에 발행한 최초의 영국 파운드 동전은 원형이었는데 유통되는 동전의 약 3%가 위조된 것으로 추정되었다. 2017년, 위조 방지를 위해 2개의 금속으로 주조한 새로운 십이각형 동전이 출시되었다. 이 동전은 변의 수가 짝수 개이므로 뢸로 모양은 아니나, 어쨌든 변이 많다 보니 굳이 곡선을 보태지 않아도 잘 굴러간다.

새로운 차원

3차원 영역에서는 폭이 일정한 입체도형을 만들 수 있다. 구는 당연히 모든 폭이 일정한 입체도형이지만, 뢸로 삼각형에 숨은 원리를 이용하면 마이스너 사면체Meissner tetrahedron라 불리는 도형이 된다. 마이스너 사면체는 둥근 삼각뿔 모양으로 위에서 밑면까지의 폭이 항상 일정하다.

지폐 주의

지금까지 동전을 주조하는 몇몇 기하학적 전략을 살펴보았는데, 지폐는 어떨까? 진짜 중요한 돈은 지폐다.

지폐는 동전보다 가치가 훨씬 크므로 다양한 위조 방지책이 마련되어 있다. 영국 지폐는 종이가 아닌 플라스틱 폴리머plastic polymer로 만들어졌으며 미세한 인쇄, 투명 창, 색상이 변하는 테두리, 은박지와 금박지, 볼록한 인쇄, 숨은 자외선 표시를 사용한다. 게다가 홀로그램도 사용한다. 홀로그램은 마법처럼 보이는 그림으로, 보는 각도에 따라 눈앞에서 모양이 바뀐다.

홀로그램은 원래 사진이지만 일반적인 가시광선이 아닌 레이저 광선으로 촬영된다. 앞서 1장에서 확인한 것처럼, 레이저 광선은 모두 하나의 파장이고 모든 파장은 단계적이다. 비유하자면, 평범한 빛은 연못에 돌무더기를 던지는 것과 같다. 파장은 사방으로 퍼지고, 높이와 길이도 다르며, 만나면 서로 간섭한다. 반면 레이저 빛은 바다 표면에 균일하게 밀려드는 파도처럼 모두 같은 방향으로 향한다.

레이저 비전

홀로그램을 만드는 첫 번째 단계는 특수 거울을 사용해 레이저 빛을 반으로 나누는 것이다. 그러면 2개의 빔이 렌즈를 뚫고 서서히 퍼져나간다. 기준 광reference beam으로 불리는 빔은 홀로그램 필름에 직접 투영된다. 물체 광object beam이라고 하는 또 다른 빔은 물체에서 반사된 뒤 홀로그램 필름으로 향한다. 일반적인 사진 촬영과 마찬가지로, 전체 설정은 진동이 없어야 하지만, 지나가는 차나 근처를 걸어가는 누군가가 노출을 흐리게 할 수 있으므로 홀로그램 사진을 찍는 과정은 매우 정적이어야 한다.

따라서 기준 광과 물체 광을 더해 홀로그램 필름이 기록된다. 이 원리를 다음과 같이 쓸 수 있다.

$$R + O = H$$

현상한 사진 필름은 기록된 이미지와 비슷하게 보이지만, 홀로그램 필름은 그렇지 않다. 홀로그램 필름은 간섭무늬라 불리는 현상을 기록한다. 그 물체를 다시 보려면, 물체 광을 봐야 한다. 위 공식을 재배열하면 다음과 같다.

$$O = H - R$$

'–R'은 홀로그램 필름을 통해 홀로그램을 만들 때 사용한 것과 같은 레이저 빛을 뒤에서 비추면 얻을 수 있다. 그리고 투과 홀로그램transmission hologram이라고 하는 그 이미지를 앞에 있는 모든 이에게 보여줄 것이다. 투과 홀로그램은 박물관 전시나 미술 시설에서 사용되고 있다. 지폐는 반사 홀로그램reflection hologram을 사용한다. 반사 홀로그램은 빛이 관찰

자처럼 홀로그램 측면에 있지만, 홀로그램에서 반사되어 이미지를 생성한다.

이 과정은 완성된 홀로그램을 통해 레이저가 같은 각도에서 무엇을 '봤는지' 알 수 있다는 사실을 말해준다. 그래서 홀로그램을 보는 각도를 바꾸면, 그 각도에서 보는 것처럼 물체를 볼 수 있다. 놀라운 입체감 덕분에 홀로그램이 굉장한 마법처럼 보인다.

지금까지 설명한 것처럼 홀로그램 제작은 절대 쉽지 않다. 그래서 지폐나 여권, 기타 신분증뿐 아니라 DVD처럼 위조가 쉬운 여러 창작물을 인증하는 데 적합하다.

초현실적 이미지

1973년 초현실주의 화가 살바도르 달리와 쇼크록 뮤지션 앨리스 쿠퍼는 공동으로 그림을 이용한 최초의 홀로그램을 제작했다. 〈앨리스 쿠퍼의 두뇌를 투영한 최초의 원통형 컬러 홀로그램 초상화 First Cylindric Chromo-Hologram Portrait of Alice Cooper's Brain〉라는 제목의 이 작품은 수백만 달러 상당의 장신구를 착용한 쿠퍼가 개미 그림이 그려진 뇌 조각상 앞에서 밀로의 〈비너스〉 조각상을 마이크처럼 손에 쥐고 노래하는 모습을 담고 있다.

안 봐도 뻔하지.

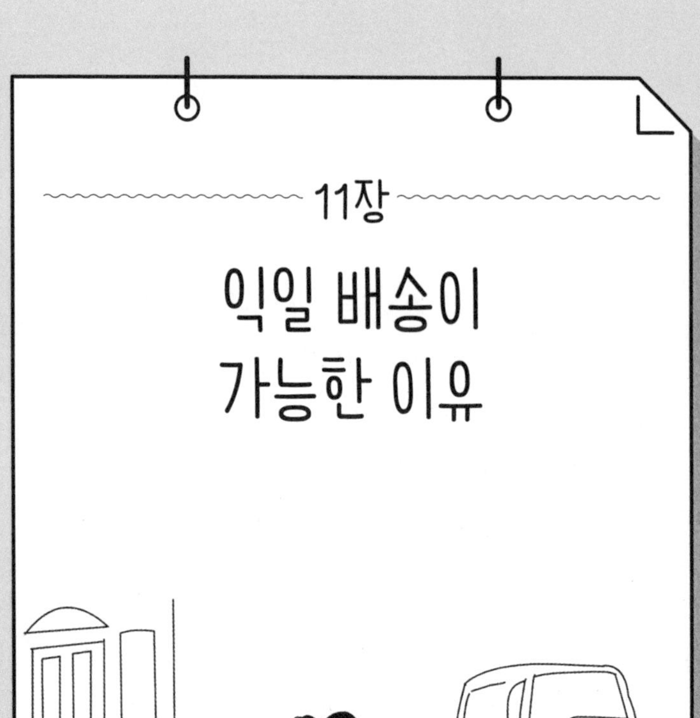

11장

익일 배송이 가능한 이유

쇼핑이 요즘처럼 쉬웠던 적이 있을까. 소파에 편안히 앉아 한 손에 스마트폰을 쥐기만 하면 음식에서부터 악기, 휴가지, 주식과 주가까지 상상할 수 있는 거의 모든 상품을 검색하고 살 수 있다. 온라인 판매자는 오프라인 매장에 돈을 쓸 필요가 없으므로 그들의 상품은 왕왕 충동구매를 부추길 만큼 저렴하다. 하지만 실제 쇼핑과는 달리 온라인 상품은 판매자 주소지에서 내 주소지로 배송되어야 하므로 배송 시간과 요금이 구매 선택의 큰 요인으로 작용한다.

배송 문제는 진열대에 상품을 계속 비축하기 위해 상품을 배달해야 하는 오프라인 매장에도 영향을 미친다. 따라서 물류라는 것은 물건이 언제, 어디에 있어야 하는지에 대한 과학이다.

아이들 놀이

도로나 철도, 공항, 조선소 같은 네트워크를 통해 물건을 옮기는 건 매우 복잡한 작업이다. 그래서 수학자들은 꽤 오랫동안 이 문제를 연구해왔다. 특히 그래프 이론graph theory으로 이동 문제를 해결하고자 했다. 그래프 이론이라는 분야가 생소할지도 모르겠다. 그러나 알아차리지 못했을 뿐 분명 접해보았을 것이다.

어렸을 때 퍼즐 책을 들추면 연필을 떼지 않고 모양을 베끼거나 같은 곳을 두 번 지나지 않도록 도형을 그리는 한붓그리기 문제가 꽤 자주 등장했다. 유명한 한붓그리기 문제는 다음과 같다.

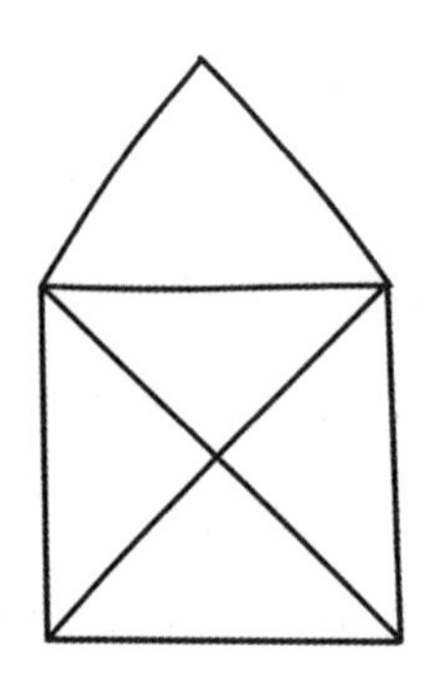

조금씩 도전을 하다 보면 아래쪽 점 중 하나에서 시작해야 한 번에 그릴 수 있다는 걸 알게 된다. 아무 점에서나 시작하면 안 된다. 왜 그럴까? 선이 만나는 지점을 모두 표시하고 각 지점에서 만나는 선의 개수를 세면 이해할 수 있다.

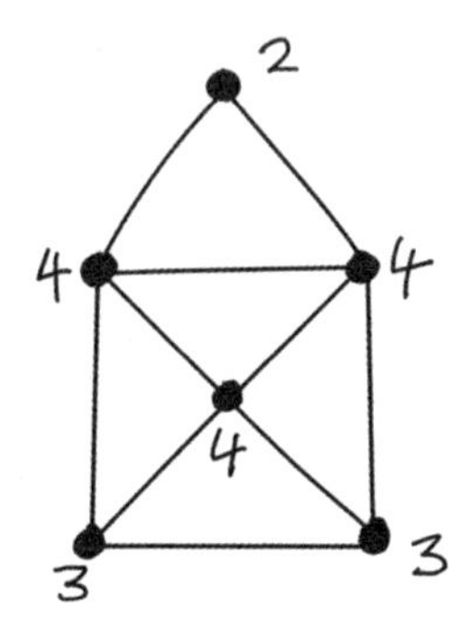

그래프 이론에서 교점node 또는 꼭짓점vertice이라고 부르는 모든 지점은 아래 두 점을 제외하면 짝수 개의 선이 만나고 있다. 이제 연필을 쥐고 이 도형, 또는 수학자들이 말하는 이 그래프를 한붓그리기 한다고 상상해보자. 연필이 교점을 지나려면, 그 지점을 들어갔다가 나와야 하므로 교점으로 가는 선은 2개여야 한다. 다시 그 교점을 통과하려면 2개의 선이 더 필요하므로, 해당 교점을 여러 번 지날 때는 짝수 개의 선이 있어야 한다. 아래쪽 교점에서는 3개의 선이 만난다. 즉, 한 번은 그 교점을 통과할 수 있지만, 거기서 시작하거나 멈춰야 한다. 그래서 아래쪽 점에서 한붓그리기를 시작해야 한다.

홀수 개의 선이 만나는 교점 중 하나에서 시작하면 다른 교점에서 끝난다. 만약 짝수 개의 선이 만나는 교점 중 하나에서 시작하면 한붓그리기를 할 수 없다. 그러면 한붓그리기 규칙을 더는 따를 수 없기 때문이다.

그렇다. 그래프 이론이 아이들의 놀이에 적용된 것이다. 이제 이 이론을 다른 두 가지 사례로 확장할 수 있다. 만약 모든 교점마다 통과하는 선이 짝수인 그래프가 있다면, 우리는 어떤 점에서 시작하든 연필을 떼지 않고 한붓그리기를 할 수 있을 것이다. 게다가 언제나 시작한 지점에서 끝나게 될 것이다.

다음 모양으로 도전해보자.

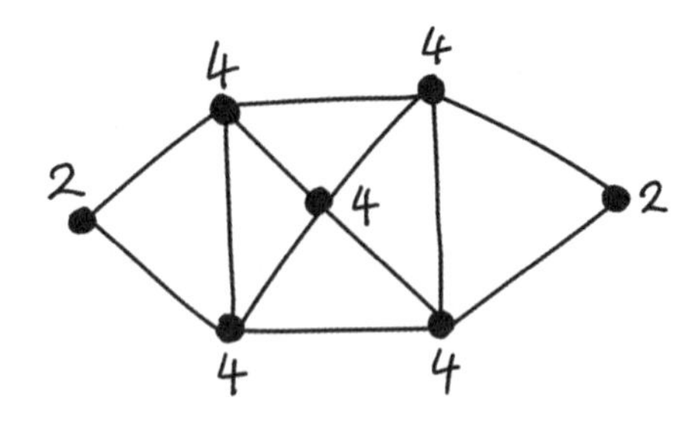

반대의 경우도 마찬가지다. 홀수 개의 선이 통과하는 교점이 2개 이상인 그래프가 있다면, 연필을 떼거나 같은 선을 지나지 않고는 한 번에 그릴 수 없다.

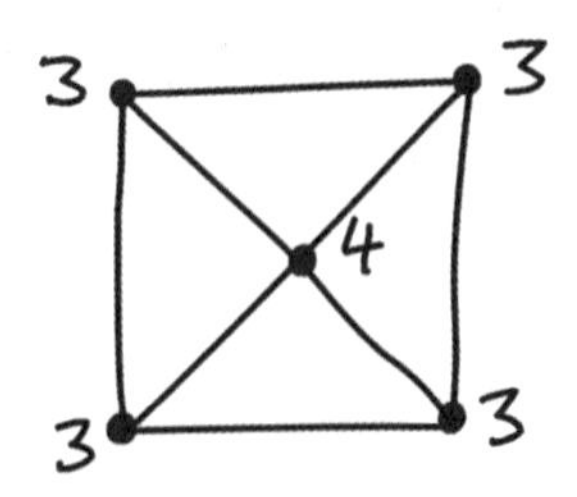

한 번에 성공하는 경로

그래프 이론이 온라인 쇼핑과 무슨 상관이 있을까? 음, 방금 살펴본 그림들에서 선은 도로, 교점은 배송 지점을 나타내는 이동 네트워크로 보는 게 그리 얼토당토않은 일처럼 느껴지지 않는다.

하지만 지금까지 얘기한 것들은 온라인 상점보다 우체국에 더 유용하다. 아이들 놀이에서 각 도로는 한 번만 이동하되 각 교점은 여러 번 통과한다. 짝수 개 선만 만나는 그림은 편지를 배달하고 출발점으로 돌아갈 수 있으므로 집배원에게 딱 알맞을 것이다. 그래서 이것을 심지어 중국 집배원 문제Chinese Postman problem라고도 부른다. 하지만 배송 기사는 각 교점을 되도록 한 번만 통과하고 가능한 한 최단 경로로 이동하길 원한다. 이를 순회 외판원 문제Travelling Salesman problem라고 한다. 그렇다면 새로운 지식으로 배송 기사를 도울 수 있을까?

그것은 그리 쉽지 않다. 그 이유는 잠시 후에 알게 된다. 우선 자전거 전용 도로를 생각해보자.

도로 설계사가 되어 기존 도로의 측면을 따라 자전거 도로를 추가해 여러 마을을 연결하는 임무를 맡았다고 상상해 보자. 순전히 자전거 전용 도로만 이용해도 어느 마을에나 갈 수 있어야 하지만, 이 도로가 모든 마을을 직접 연결할 필요는 없다. 전반적으로 볼 때 최단 경로를 확보하면 예산에 큰 도움이 될 것이다.

앞서 했던 것처럼 각 마을을 선으로 연결한 그래프를 그려보겠다. 이 그래프는 지하철 노선도와 살짝 비슷해 보이는데, 지리적 위치보다는 연결 지점을 보여준다. 각 지점 간 거리도 중요하므로 그래프 위에 킬로미터 단위로 각 거리를 나타낸다.

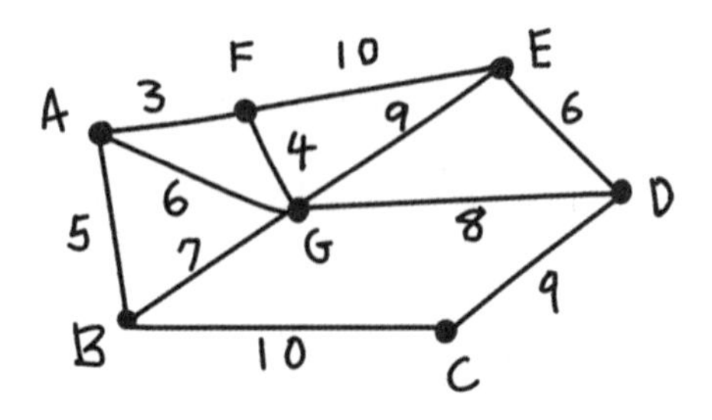

미국 수학자이자 컴퓨터 과학자인 조지프 크러스컬Joseph Kruskal은 이 문제를 해결할 매우 간단한 방법을 고안해냈다. 크러스컬은 순차적으로 가장 짧은 도로들을 이용해 모든 교점에 도달하는 경로를 구축할 수 있다는 걸 알아냈다. 여기서 피해야 할 한 가지는 삼각형을 만드는 것이다. 만약 연결할 지점이 3곳이라면, 2개의 도로만으로도 충분하기 때문이다. 세 번째 도로는 불필요하다.

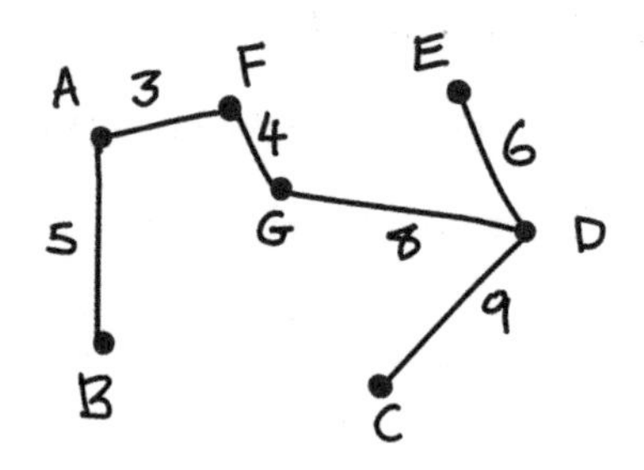

따라서 지도를 위에서 바라보면, 도로 AF가 3km로 가장 짧고, FG와 AB는 각각 4km, 5km다. 6km짜리 도로는 AG와 ED 2개지만, 도로 AG는 AF 및 FG와 삼각형을 이루므로 ED를 선택하면 된다. 그다음 순서는 7km인 도로 BG이지만,

이 도로 역시 삼각형을 형성하므로 무시한다. 이제 도로 GD와 DC를 추가하면 최대한 짧은 경로로 모든 마을을 연결할 수 있다.

수학자들은 이 방법을 최소 스패닝 트리Minimum Spanning Tree라고 부른다. 외출을 잘 하지 않는 수학자에게는 이 그림이 살짝 나무처럼 보이나 보다. 자, 이제 의회에 가서 3+4+5+6+8+9=35km의 자전거 도로가 필요하다고 말하면 된다.

정상으로 향하는 길은 멀다

최소 스패닝 트리가 배송 기사의 문제를 해결해주지는 않지만, 이 방법으로 얼마나 멀리 이동해야 하는지는 알 수 있다. 만약 배송 기사가 도로망이 앞과 같은 지역에 배달한다면, 각 도로를 2번, 총 70km의 거리를 이동하면 모두에게 배달할 수 있음을 알게 되었다. 물론 최단 경로는 아니지만, 실행 가능하다. 아마도 전문가들은 도로 설계 연구를 계속하면서 70이라는 숫자를 줄이려고 노력할 것이다.

안타깝게도 순회 외판원의 최단 경로 그래프를 계산하는 알고리즘이나 빠른 규칙은 없다. 가장 빠른 경로를 찾을 수 있는 유일한 방법은 가능한 모든 경로를 살펴보고 어떤 경로가 가장 짧은지 확인하는 것이다. 앞서 살펴본 7개 마을 네트워크의 경우라면 이 작업을 꽤 빨리 끝낼 수 있을 것이다. 하지만 대규모 국내 또는 국제 사업이라면, 오랜 시간이 걸릴 수 있다. 만약 7개 마을이 있다면, 7개 마을 중 1곳을 선택하고 다음으로 이동할 다른 6개 마을 중 1곳을 선택한 다음 다른 5개 마을에서 1곳을 선택한다. 가능한 경로 수는 다음과 같다.

$$7 \times 6 \times 5 \times 4 \times 3 \times 2 \times 1 = 5{,}040$$

수학자들은 이 곱셈을 줄여 간단히 표현한다. 바로 7!, 7팩토리얼이다. 이 값은 컴퓨터로 처리하기에 그리 많은 것 같지 않지만, 일반적인 배송 기사는 하루에 약 200곳에 물품을 배달한다. 따라서 가능한 경로 수는 다음과 같다.

$$200! = 200 \times 199 \times 198 \times \cdots \times 2 \times 1 = 78865786736479050355236321393218506229513597768717326329474253324$$

43594449963403342920304284011984623904177212138919
6388302576427902426371050619266249528299311134628
572707633172373969889439224456214516642402540332
918641312274282948532775242424075739032403212574
0557956866022603190417032406235170085879617892222
2789623703897374720000000000000000000000000000
000000000000000000000

이 숫자는 부를 방법이 없다. 0을 제외한 자릿수는 총 375개이고, 끝에 0이 49개 있다.

하지만 어떻게든 우리는 택배를 배송받는다. 영국만 해도 매일 평균 700만 개가 넘는 택배가 배송된다. 배송 기사는 대체 어떤 방법으로 해내는 걸까?

유레카, 깨달음을 얻는 순간

순회 외판원 문제를 해결할 최선의 해결책을 서둘러 찾을 방법은 없지만, 괜찮은 해결책은 있다. 수학자들이 휴리스틱 알고리즘heuristic algorithm이라고 부르는 방법이다. 휴리스틱 알고리즘은 도로 지도책으로 경로를 선택할 때 사용하는 방법이다. 물론 지름길과 교통 상황에 대한 현지 지식이 있으면 더 나은 경로를 선택할 수 있겠지만, 이 방법도 그럭저럭 쓸 만한 알고리즘이다. 제 몫을 단단히 한다.

휴리스틱 알고리즘 중 하나는 최근접 이웃 알고리즘Nearest Neighbour algorithm이다. 단어만 보고 추측할 수 없다면, 우선 시작 위치를 선택한다. 그러고는 가장 가깝지만 방문하지 않은 교점으로 이동한다. 모든 교점을 방문하고 나서 최단 경로를 통해 시작점으로 돌아가는 길을 찾을 수 있다.

배송 기사가 A 마을부터 배송하길 원한다면, 가장 가까운 이웃은 F다. F 다음으로 가까운 이웃은 G다. 최근접 이웃 알고리즘을 따르면 B, C, D, E 순서로 이동할 수 있다. E에서 A로 돌아가는 최단 경로는 F를 경유한다는 뜻이다.

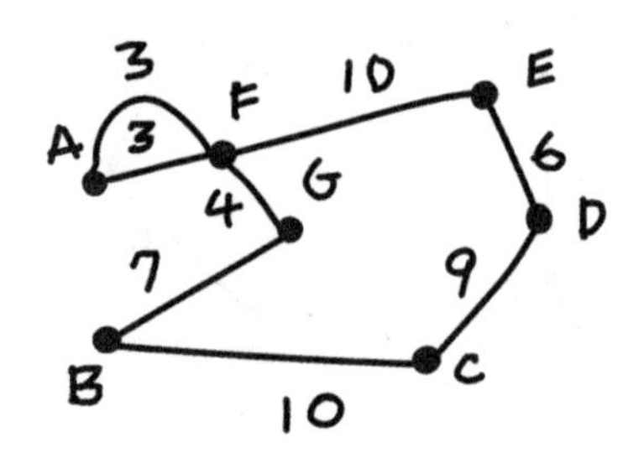

따라서 배송 기사에게 3+4+7+10+9+6+10+3=52km의 경로가 주어지므로 이전에 이동한 70km보다 상당히 줄어들었다.

경험주의적 인간

인간은 경험에 근거해 문제를 해결하는 데 능숙하다. 만약 내가 앞서 살펴본 지도상의 모든 마을에 물건을 배송하고 싶다면, 경로 수천 개를 계산하고 비교하거나 최근접 이웃 알고리즘 없이 최소 스패닝 트리에서 시작해 더 많은 순환 경로로 조정할 수 있는지 확인할 수 있을 것이다. GD 도로를 GE로 바꿔 트리에 1km를 추가할 수 있다. 그러면 C에서 B로 가는 도로가 순환 배달 경로가 된다.

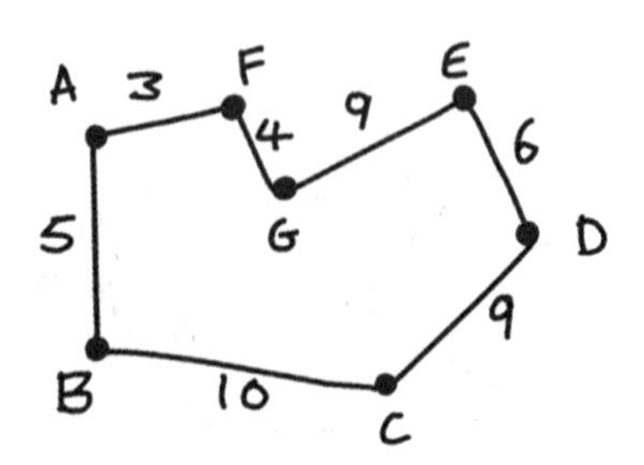

이 경로의 거리는 35−8+9+10=46km로, 최근접 이웃 알고리즘이 제시한 거리보다 6km 짧다. 인간이 완전히 쓸모없는 건 아닌 것 같다. 아직은.

유레카

그리스 철학자 아르키메데스가 목욕탕에서 돌연 깨달음을 얻은 순간에 관한 일화를 들어봤을 것이다. 아르키메데스는 물체의 부피와 물체의 부피를 대신하는 물 사이의 관계를 깨달았고, 시라쿠사의 왕 히에로 2세가 지시한 까다로운 문제를 해결할 수 있었다. 놀라운 발견에 흥분한 아르키메데스는 욕조에서 벌떡 일어나 벌거벗은 채로 거리로 뛰쳐나가 고대 그리스어로 '알았다!'라는 뜻의 "유레카!"를 외쳤다.

경험을 통해 무언가를 배우게 한다는 의미를 지닌 '휴리스틱heuristic'이라는 단어는 '유레카'와 그리스어의 어원과 개념이 같다. 휴리스틱 방법은 합리적 시간 안에 어떤 문제에 실행 가능한 해결책을 제공하는 방법이다. 앞에서 살펴본 바와 같이, 가장 좋은 경로를 찾기 위해 순회 외판원 문제로 모든 경로를 찾는 일은 지도를 보며 합리적인 경로를 고르는 것보다 시간이 훨씬 오래 걸릴 것이다.

12장

경매에서 이기는 법

우리는 온라인을 이용하든 오프라인 매장을 찾든 쇼핑을 즐긴다. 쇼핑으로 행복감을 느끼는 '금융 치료'는 긴장을 풀고 기분을 전환하는 좋은 방법이 될 수 있다. 하지만 우리는 이따금 짜릿함을 원하기도 한다. 그리고 이 짜릿함은 경매장에서 맛볼 수 있다. 경매가 시작되면 우리는 입찰에 응한다. 입찰하는 품목이 무엇이든 경매에서 이기려면 노력과 기술, 그리고 행운이 필요하다. 승리하면 기쁨이 넘치고, 패배하면 실망감이 덮친다. 경매가 쇼핑을 경쟁으로 바꾼다.

이러한 흥분이 수백만 명을 이베이와 같은 온라인 경매 사이트로 불러들인다. 흥정을 하고, 최고 입찰가를 제시한 뒤에는 시계가 똑딱거리며 시간이 흐르는 동안 스릴을 경험하기를 바란다. 수학이 이 짜릿한 경험을 더 효과적으로 만끽하도록 도와줄 수 있을까?

사람마다 다른 법

이베이는 모든 것을 완벽하게 준비했다. 당신은 이베이에서 상품을 구매할 생각이다. 필요한 상품을 검색하면 선택 목록이 표시된다. 그리고 적합한 상품을 찾으면 얼마나 가치가 있는지 판단한 뒤 입찰가를 입력하고 웹 페이지를 나오면 된다. 이베이는 당신을 선두에 올려줄 최저 입찰가를 자동으로 제시한다. 만일 그 가격이 당신의 최고 입찰가보다 낮다면 상품을 싸게 살 수 있다는 기쁜 마음으로 웹 페이지를 나올 수 있다. 최저 입찰가가 당신의 최고 입찰가보다 높은 경우에는 원하는 금액을 초과하므로 다른 비슷한 상품에 입찰하면 된다. 마음을 느긋하게 먹자. 누구든 본인이 지불할 수 있는 최대 금액을 초과하지 않도록 해야 한다. 그래야 우리 모두 삶을 지속할 수 있을 테니.

하지만 그렇게 되는 경우는 거의 없다. 여기서 몇 가지 요소가 영향을 미치는데, 사실상 많은 사람이 이베이의 입찰 시스템이 어떻게 작동하는지 잘 모른다는 것이 주요 포인트다. 게다가 이베이는 모든 경매에서 사람들이 가능한 한 높은 가격에 입찰하기를 바란다. 그래야 돈을 벌 수 있기 때문이다. 또 다른 요소는 사람의 심리다.

입찰 방식은 크게 세 가지로, 최고가 입찰, 점진적 입찰, 스나이핑이 있다. 최고가 입찰은 이미 설명한 방식으로, 최고 입찰가를 먼저 입력하고 결과를 지켜보는 것이다. 점진적 입찰은 현재 낙찰가에 가까운 가격을 입력하고 선두에 서거나 지급할 의사가 있는 금액에 도달할 때까지 경매를 계속 진행하는 방식이다. 스나이핑은 경매 마지막 순간에 최고 입찰가를 제시하는 방식이다.

게임 이론

삶이 경쟁적이다 보니 아무도 좋은 기회를 놓치고 있다는 패배감을 달가워하지 않는다. 이런 현상에 관한 연구를 게임 이론이라고 한다. 게임 이론은 경쟁적 상황의 잠재적 결과 및 관련 개인이 승리의 가치를 다루는 수학의 한 분야다. 사람들은 체스나 가위바위보 같은 게임을 할 때 게임 이론을 이용하지만 슈퍼마켓에서 어떤 줄에 설지 결정할 때, 어떤 주식에 투자할지 선택하거나 상사에게 월급 인상을 요구할 때도 이용한다.

게임 이론에서 제기된 원래 문제는 죄수의 딜레마Prisoner's Dilemma로 알려져 있다. 상황은 이렇다. 범인 두 명이 경찰에 체포되어 따로따로 조사받고 있다. 경찰은 이들에게 각각 징역 1년의 경범죄를 인증할 증거를 갖고 있지만, 징역 3년의 중범죄를 선고하기에는 증거가 충분하지 않다. 만약 범인 중 한 명이 공범에게 불리한 증거를 제공한다면, 경찰은 공범에게 더 심각한 죄목으로 기소해 유죄 판결을 하고 도움을 준 범인의 형량을 1년 줄일 것이다. 범인들은 각각 고립되어 의사소통을 할 수 없다. 그렇다면 이들은 어떻게 해야 할까? 당신이 범인이라면 어떤 선택을 하겠는가?

수학자들은 이 정보를 이득 행렬pay-off matrix이라 부르는 표로 나타낸다.

	죄수 2 : 침묵	죄수 2 : 자백
죄수 1 : 침묵	각각 1년 복역	죄수 1 : 자유 죄수 2 : 3년
죄수 1 : 자백	죄수 1 : 3년 죄수 2 : 자유	각각 2년 복역

여기서 사람의 심리가 개입한다. 두 범인이 함께 취할 수 있는 최선의 방침은 조용히 입 다물고 각각 1년씩 복역하는 것이다. 한 명은 자백하고 다른 한 명은 침묵을 지킨다면, 총 3년을 복역해야 한다. 두 범인이 모두 서로를 배신한다면, 각각 2년씩 총 4년의 징역형을 받는다.

	죄수 2 : 침묵	죄수 2 : 자백
죄수 1 : 침묵	2년	3년
죄수 1 : 자백	3년	4년

이들은 범죄자다. 설령 그들이 도둑의 명예를 걸고 의리를 지키기로 미리 맹세했다고 해도, 과연 서로를 믿을 수 있을까? 위험을 감수할 수 있을까? 개인의 이득(감옥에 가지 않을 가능성) 앞에서 두 범인 모두 자백해, 결국 5장에서 보았던 무정부 상태의 대가처럼, 총 4년이라는 최악의 결과로 끝날 가능성이 가장 크다. 사람들 대다수가 그렇듯이 범죄자들 역시

안전하게 행동하고자 무엇이 자신한테 최악의 시나리오일지 고민할 것이다. 범인 한 명이 침묵한다면 최악의 시나리오는 징역 3년이다. 만약 범인 두 명 모두 자백다면 각각 징역 2년형을 받을 것이다. 그들에게 최악의 결과는 둘 다 자백할 때 생긴다. 이 문제를 괜히 딜레마라고 하는 게 아니다.

죄수의 딜레마는 이산화탄소 배출량을 감축하기 위한 비용을 부담하는 나라들, 경기력 향상을 위해 약물을 복용하는 사이클 선수, 심지어 부모님께 전화해 죄책감 없이 거짓말하는 경우 등 많은 상황에 적용된다.

가성비

죄수의 딜레마에서 '승리' 또는 '패배'의 가치는 꽤 분명하다. 이베이에서 상품에 입찰할 때, 그 가치는 덜 분명하고 사람에 따라 달라진다. 액면가 5파운드짜리 찻잔 경매를 상상해보자. 단지 차를 마실 좋은 잔을 원하는 누군가는 그 돈을 지불하겠지만, 그 가치 이상은 지불하지 않을 것이다. 만약 경매에서 실패하면 다른 찻잔에 입찰하거나 아예 경매가 없는 찻잔을 주문할 것이다.

누군가는 지난 10년 동안 이 도자기 세트를 꾸준히 수집해왔을 수 있다. 경매에 나온 찻잔이 그 세트의 마지막 도자기이고, 딱히 가치가 있는 도자기는 아니지만, 꽤 희귀하다. 그래서 어쩌면 그 찻잔을 사는 데 5파운드보다 훨씬 많은 돈을 기꺼이 지불할지도 모른다. 그러면 판매자와 이베이 모두에게 이득이다.

시작가의 심리도 작용한다. 100파운드가 넘는 물건을 판매한다고 생각해보자. 처음부터 입찰가를 너무 높게 책정하면, 잠재적 입찰자들은 온라인 경매의 목표인 초특가 구매 가능성이 없을 것 같다고 판단해 입찰에 응하지 않을 것이다. 시작가를 훨씬 낮게 설정하면, 최고가 입찰자들은 여전히 100파운드가 넘는 입찰가를 제시할 수도 있지만, 입찰가가 그렇게 높이 올라가지 않길 바랄 것이다.

게다가 추가 입찰자가 몇 명인지, 어떤 유형의 입찰자인지, 얼마까지 입찰할 준비가 되어 있는지, 어떤 상황에서 입찰하는지는 애당초 알 수 없다. 그렇다면 게임 이론은 이때 어떻게 도움이 될까?

선택과 혼합

죄수의 딜레마에서 최악의 시나리오는 정확하고 안전한 방법이라는 전략에서 비롯된다. 하지만 안전하게 몸을 사리는 방법이 잘 통하지 않는 게임도 있다. 친구와 간단한 내기를 한다고 상상해보자. 각자 동전을 하나씩 갖고, 앞면으로 할지 뒷면으로 할지 선택한다. 그다음 동전을 공개한다. 두 사람의 동전이 일치하면 당신이 이기고, 일치하지 않으면 당신이 지는 것으로 정했다고 하자. 다음 표에 따라 상대방에게 비스킷을 준다.

		친구 동전	
		앞면	뒷면
당신의 동전	앞면	1	-3
	뒷면	-4	6

예를 들어 둘 다 앞면이면, 친구가 당신에게 비스킷 1개를 준다. 만약 당신은 앞면, 친구는 뒷면이면, 당신이 친구에게 비스킷 3개를 준다. 이것은 제로섬 게임zero-sum game으로, 당신

의 승리는 곧 친구의 패배가 된다. 이런 유형의 게임을 할 때 안전하게 하는 건 말이 안 된다. 이 게임에서 당신에게 그나마 나은 최악의 경우는 동전 뒷면을 선택해 비스킷 4개를 잃는 게 아니라 앞면을 선택해 비스킷 3개를 잃는 것이다. 친구에게 '가장 좋은' 최악의 경우 역시 앞면을 선택할 때다. 비스킷 6개가 아닌 1개를 잃기 때문이다. 이 규칙을 따르면 친구는 게임을 할 때마다 비스킷을 잃게 될 것이다. 참 따분한 게임이다. 게다가 친구가 이 게임을 하려면 엄청나게 멍청해야 할 것이다. 분명 가끔은 뒷면을 선택해야 친구에게 도움이 된다. 하지만 얼마나 자주 해야 할까? 그리고 친구가 혼합 전략을 쓴다면, 당신은 어떤 전략을 써야 할까?

당신이 앞면을 선택하는 차례의 최적 비율을 가정하고, 그것을 p라고 하자. 그러면 뒷면을 선택하는 것은 그 나머지인 1－p라고 할 수 있다. 만약 친구가 앞면이면, 당신이 이길 것이라고 예상할 수 있다. 당신이 앞면이면 비스킷 1개를 받게 되는데, 이는 p번째 차례라고 하자. 당신이 뒷면이면 비스킷 4개를 잃게 되고, 이는 (1－p)번째가 된다. 이 전략을 통해 얻을 수 있는 예상 비스킷 수는 다음과 같다.

$$예상\ 획득\ 수 = 1 \times p - 4 \times (1 - p)$$

괄호를 곱하는 경우, 음수에 음수를 곱하면 양수가 된다는 걸 기억하며 위 식을 훨씬 간단하게 정리해보자.

$$예상\ 획득\ 수 = p - 4 + 4p$$

좀 더 간단히 정리하면 이렇다.

$$예상\ 획득\ 수 = 5p - 4$$

따라서 p가 늘어날수록 비스킷 수도 늘어나리라는 걸 알 수 있다. 당신의 친구가 뒷면을 선택하는 경우에도 비슷한 식을 만들 수 있다.

$$예상\ 획득\ 수 = -3 \times p + 6 \times (1 - p)$$

$$예상\ 획득\ 수 = -3p + 6 - 6p$$

$$예상\ 획득\ 수 = -9p + 6$$

따라서 이때는 p가 증가할수록 예상 획득 수가 줄어든다. 이제 중간 어디쯤 최고의 결과를 주는 p값이 있어야 한다. 두 식을 등호로 연결한 방정식을 풀면 p값을 찾을 수 있다.

$$5p - 4 = -9p + 6$$

p항은 좌변, 상수항은 우변으로 이항하면 다음과 같다.

$$14p = 10$$

양변을 14로 나누면 p의 값이 나온다.

$$p = \frac{10}{14}$$

따라서 14번 중 10번, 또는 약 71%의 비율로 동전의 앞면을 선택해야 한다.

친구의 관점에서 같은 과정을 거친다면, 앞면이 나오는 차례를 q번째라고 할 때, 당신의 동전이 앞면일 때 예상 획득 수가 $-4q+3$, 뒷면일 때 $10q-6$이라는 것을 알 수 있다. 그러면 다음과 같은 방정식을 풀 수 있다.

$$-4q + 3 = 10q - 6$$

$$9 = 14q$$

$$q = \frac{9}{14}$$

따라서 친구는 14번 동안 9번, 즉 64%의 비율로 앞면이어야 한다. 만약 당신이 이 전략을 따른다면, 장기적으로 봤을 때 누가 비스킷을 더 많이 갖게 될까? 예상 획득 수를 알 수 있는 식이 있다. p값 14분의 10을 앞에 나온 두 식 중 어느 쪽에나 대입하면 다음과 같다.

$$5 \times \frac{10}{14} - 4 = -\frac{3}{7}$$

$$-9 \times \frac{10}{14} + 6 = -\frac{3}{7}$$

오, 별로 좋지 않은 결과다. 이 값에 따르면 당신은 게임이

길어질수록 게임당 평균 7분의 3의 비스킷을 잃게 된다. 친구의 경우를 보자.

$$10 \times \frac{9}{14} - 6 = \frac{3}{7}$$

$$-4 \times \frac{9}{14} + 3 = \frac{3}{7}$$

음, 일리가 있다. 당신이 게임당 평균 7분의 3의 비스킷을 잃고 있다면, 친구는 그만큼 얻는 게 분명하니까. 결국 이 게임은 당신에게 불리하다.

경매 참가

경매에는 여러 종류가 있다. 전통적인 경매에서는 경매인이 큰 강당에 모여 앉은 사람들에게 어떤 신호를 보내며 입찰을 받는다. 이 경매는 영국식 경매로, 가장 높은 입찰가를 제시한 사람에게 경매품이 낙찰되고 입찰자가 입찰가를 지불한다. 밀봉 입찰식 경매sealed-bid auction에 익숙할 수도 있다. 밀봉 입찰식 경매는 부동산 중개인이 부동산 가격을 합의하는 최종 단계에서 종종 사용하는 경매 방식이다. 이때 입찰자들은 다른 입찰가를 모른 채 자신의 최고 입찰가를 제시한다. 이 경매 역시 낙찰자가 자신이 제시한 가격을 지불한다. 하지만 이베이는 그렇지 않다. 사실 이베이는 비크리 경매Vickrey auction의 한 종류에 속한다. 비크리 경매는 캐나다 경제학자이자 노벨상 수상자인 윌리엄 비크리William Vickrey의 이름을 딴 경매 방식으로, 기본적으로는 밀봉 입찰식 경매지만 낙찰자는 무조건 두 번째로 높은 입찰가를 지불한다. 이 경매 방식은 입찰자가 최고 입찰가를 제시하도록 장려하지만, 결국 그보다 더 적은 돈을 낼 수도 있다는 동기를 부여한다.

이베이는 두 번째로 높은 입찰가를 공개하고 다수의 입찰을 허용한다는 점을 제외하면 어느 정도 비크리 경매를 따르고 있다.

낙찰!

그렇다면 이 모든 지식을 어떻게 이용해야 온라인 경매에서 낙찰받을 수 있을까? 비스킷 게임에서처럼 혼합 전략을 사용할 수 있지만, 다른 입찰자들의 행동에 맞춰 입찰가를 조정할 수도 있을 것이다. 상품 목록을 보면 현재 낙찰가(꼭 최고 낙찰가는 아니지만)와 낙찰자 수, 입찰자 수를 확인할 수 있다. 그리고 이 정보를 통해 동료 입찰자의 성향을 결정할 수 있다.

만약 몇몇 입찰자가 많은 입찰을 하고 있다면, 당신이 점진적인 입찰자들을 상대하고 있다는 뜻이다. 이 사람들을 위한 최선의 전략은 바로 스나이핑이다. 즉, 경매 마지막 순간에 당신의 최대 입찰가를 넣는 방식이므로, 경쟁자들은 당신의 입찰가를 확인할 수 없다.

만약 입찰이 거의 또는 아예 없다면, 당신이 스나이핑을 노리는 입찰자들을 상대하고 있다는 걸 암시한다. 그들을 다루는 가장 좋은 방법은 당신이 먼저 최대 입찰가를 내는 것이다. 그들의 마지막 입찰가가 당신의 입찰가와 일치한다면 당신이 먼저 낙찰된다.

현재 입찰가에 많은 입찰이 없고 당신이 생각하는 항목값에 가깝다면, 최대 입찰자들과 거래하는 것일 수 있다. 이런 상황에서는 그들이 당신을 이미 완전히 이긴 것일 수도 있지만, 당신이 그 물건에 더 돈을 쓸 만한 가치가 있다고 여긴다면 최대 입찰이나 스나이핑이 여전히 유효할 것이다.

이 모든 상황에서 점진적 입찰이 좋은 전략인 경우는 없다는 점에 유의하자. 점진적 입찰은 경매를 더 재미있게 해줄지 모르지만, 좋은 가격으로 낙찰받는 데는 별 도움이 되지 않는다. 그러니 최대 입찰자가 되든 스나이핑 선수가 되든, 행운을 빌고 행복한 입찰을 하자!

유인원이 된다면

앞서 살펴본 동전 게임에서는 혼합 전략을 쓰는 게 성공의 열쇠였다. 이 게임을 단순화한 버전, 즉 당신이 이기면 동전을 얻고 지면 친구가 동전을 가져가는 게임의 경우라면, 당신은 일반적으로 50%의 비율로 앞면과 뒷면을 선택하는 전략을 사용해야 할 것이다. 식은 죽 먹기라고? 음, 다른 사람과 게임을 한다면 그렇다.

하지만 침팬지와 게임을 하면 쉽사리 지고 말 것이다. 2014년 미국 캘리포니아공과대학의 연구에 따르면 유인원이 사람보다 무작위 게임에 더 뛰어나고 승률도 훨씬 높았다(침팬지는 돈이 아닌 과일 간식으로 보상받았다). 침팬지의 뛰어난 단기 기억력, 더 경쟁적인 사회 때문일 수도 있고, 또는 단순히 침팬지가 우리보다 더 똑똑하기 때문일 수도 있다.

몇몇 축구팀은 게임 이론과 비슷한 방법으로 승부차기 위치를 결정하지만, 아직까지 영장류 페널티 분석가를 채용한 팀은 없는 것 같다.

5부

휴식을 즐겨요

일은 끝났고 주문한 상품도 배송될 것이다. 한가로이 휴식을 즐길 시간이지만 컴퓨터와 스트리밍 서비스, 유명 소셜 미디어의 작동 방식을 수학적으로 알아야 제대로 쉴 수 있다.

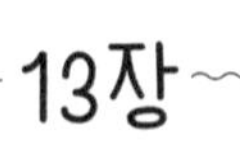

이상한 상자 안의 고양이

유난히 고된 하루가 끝나면 나는 왕왕 기계에 휩싸여 휴식을 취하곤 한다. 영화를 보거나, 소셜 미디어를 휙휙 둘러보거나, 음악을 듣기도 한다. 이 모든 것을 트랜지스터라 불리는 단순한 전자 부품에 의존하고 있다. 사실 트랜지스터는 움직이는 부분이 없는 작은 스위치로, 컴퓨터의 마이크로칩은 수십억 개의 트랜지스터로 채워져 있다. 컴퓨터는 트랜지스터가 있어야 숫자를 세고, 데이터를 저장하고, 수학과 논리를 처리할 수 있다. 트랜지스터가 없으면 현대의 컴퓨터도 없다.

트랜지스터의 정체

트랜지스터는 아주 작다. 처음 선보인 아이폰은 약 20억 개의 트랜지스터를 사용했지만, 최신 아이폰은 약 120억 개를 사용한다. 트랜지스터는 반도체라 불리는 물질로 만든다.

이름에서 알 수 있듯이, 반도체는 전기를 잘 전도하는 도체와 그렇지 않은 절연체 사이에 있다. 트랜지스터는 이 두 가지 상태가 서로 바뀔 수 있도록 스위치 역할을 한다.

트랜지스터는 양자역학과 함께 개발되었다. 양자역학은 물리학의 불확실한 영역으로, 물질세계가 어떻게 가장 작은 규모로 작동하는지를 설명한다. 그리고 양자물리학은 매우 이상한 수학적 개념에 따라 결정된다.

숫자의 총합

수학자는 숫자를 셀 때 자연수를 이용한다. 즉, 1, 2, 3, … 등으로 센다. 자연수는 영원히 1씩 커지는 수열이다. 그리고 급수는 주어진 수열의 합을 말한다.

수열: 1, 2, 3, 4, 5, ...

급수: 1 + 2 + 3 + 4 + 5 + ...

양자물리학을 기묘한 것과 연관 지어 생각하는 사람이 있을지도 모르겠다. 슈뢰딩거의 고양이Schrödinger's Cat라는 말을 들어봤을 것이다. 슈뢰딩거의 고양이는 물리학자 슈뢰딩거의 사고실험으로, 양자물리학자의 고양이가 치명적인 독이 아무 때나 방출되도록 설계된 상자에 갇혀 있다. 양자물리학에 따르면, 고양이는 그렇게 존재 상태가 드러나는 시점에 누군가가 확인할 때까지 상자 안에서 살아 있기도 하고 죽어 있기도 하다. 음, 수학에도 그렇게 존재 상태가 기이한 경우가 있다. 자연수 수열을 무한히 더하면, 그 총합이 0보다 살짝 작다는 것이다.

$$1 + 2 + 3 + 4 + 5 + \cdots + \infty = -\frac{1}{12}$$

어찌 된 일인지 자연수를 모두 더하면 결국 그 어떤 자연수보다 작아진다. 직관에 완전히 반하는 결과다. 수학자든 아니든 사람들은 대부분 분명 뭔가 잘못된 게 틀림없다고 여길 것이다. 라마누잔 합Ramanujan Summation으로 알려진 이 총합의 다양한 증명은 약간의 수학적 속임수로 많은 수학자를 당황케 한다. 하지만 백문이 불여일견이라고, 트랜지스터의 작동 원리와 우리가 아는 최고의 이론들이 그 이면에 물리학의 일부로 라마누잔 합을 이용하고 있다.

그란디 급수

라마누잔 합의 '증명'을 이해하려면 서로 다른 두 가지 급수를 살펴봐야 한다. 첫 번째 급수는 그것을 연구한 이탈리아 사제의 이름에서 따온 그란디 급수Grandi's series다.

$$G = 1 - 1 + 1 - 1 + 1 - 1 + \cdots$$

그란디 급수는 1을 더하고 1을 빼는 과정을 무한히 계속한다. 그란디 급수의 결과는 어디까지 계산하느냐에 따라 다르지만, 항상 1이나 0이다. 내가 무한대까지 계산하면(실제로 할 수 없지만 어쨌든), 그 결과는 1이 될까 아니면 0이 될까? 수학자들은 일반 사람들이 이해할 수 없다고 여겨 그 급수의 총합은 없다고 말한다. 하지만 나는 수학 교수들이 알면 열 받을 만한 약간의 꼼수를 알고 있다. 우선 1에서 그란디 급수를 빼면, 다음과 같은 결과가 나온다.

$$1 - G = 1 - (1 - 1 + 1 + 1 + 1 + 1 + \cdots)$$

괄호를 풀면 다음과 같다.

$$1 - G = 1 - 1 + 1 - 1 + 1 - 1 + \cdots$$

그러면 우변에 익숙한 식이 등장한다. 바로 G이다.

$$1 - G = G$$

양변에 G를 더해보자.

$$1 = 2G$$

따라서 $G = \frac{1}{2}$이다. 우리는 G값이 1이나 0이 될 것이라고 생각했기 때문에 그 반값인 이 결과가 왠지 맞는 것 같다. 하지만 $\frac{1}{2}$이 사실상 1이나 0은 아니므로 틀린 것도 같다.

새로운 급수

자, 이제 확인해야 할 두 번째 급수는 $1-2+3-4+5-\cdots$이다. 이 급수 역시 계산을 진행할 때마다 음수에서 양수로 계속 바뀐다. 하지만 내가 무한대까지 계산한다면, 속임수를 조금 더 이용해 답을 얻을 수 있다. 이 급수는 딱히 이름이 없으므로 그냥 S라고 부르자. 그리고 이 식에 S를 더하겠다.

$$S = 1 - 2 + 3 - 4 + 5 - \cdots$$

$$S + S = (1 - 2 + 3 - 4 + 5 - \cdots) + (1 - 2 + 3 - 4 + 5 - \cdots)$$

$$2S = 1 + 1 - 2 - 2 + 3 + 3 - 4 - 4 + 5 + 5 - \cdots$$

이제 우변에 있는 첫째 항을 제외한 나머지 항을 2개씩 묶어 더하자.

$$2S = 1 + (1 - 2) + (-2 + 3) + (3 - 4) + (-4 + 5) + \cdots$$

그리고 각 괄호 안의 식을 더하면 어떤 마법이 일어난다.

$$2S = 1 + (-1) + (1) + (-1) + (1) + \cdots$$

괄호를 없애 부호를 정리했더니 우리의 오랜 친구가 등장한다.

$$2S = 1 - 1 + 1 - 1 + 1 - \cdots$$

바로 그란디 급수 G. 우리가 알고 있는 G값은 $\frac{1}{2}$이다.

$$2S = \frac{1}{2}$$

양변을 2로 나누면, S값을 구할 수 있다.

$$S = \frac{1}{4}$$

다시 한번, 기계적으로 급수들에 이 내용을 더하면 실제로 얻을 수 없는 또 다른 결과가 나올 것이다. 하지만 우리는 계속 밀고 나아가 보자.

마지막 급수

라마누잔 급수 R에서 S를 빼면 다음과 같다.

$$R - S = (1 + 2 + 3 + 4 + 5 \cdots) - (1 - 2 + 3 - 4 + 5 - \cdots)$$

괄호를 풀어 숫자를 재배열하자.

$$R - S = 1 - 1 + 2 + 2 + 3 - 3 + 4 + 4 + 5 - 5 + \cdots$$

이때 모든 홀수는 소거되고 모든 짝수는 2배로 늘어난다는 걸 알 수 있다.

$$R - S = 4 + 8 + 12 + 16 + \cdots$$

우변의 식은 라마누잔 급수에 4를 곱한 것이다. S가 $\frac{1}{4}$이므로 이 값을 S에 대입해보자.

$$R - \frac{1}{4} = 4R$$

따라서 3R은 $-\frac{1}{4}$과 같다.

$$-\frac{1}{4} = 3R$$

양변을 3으로 나누어보자.

$$-\frac{1}{12} = R$$

자, 라마누잔 급수에 있는 모든 자연수의 합은 0보다 약간 작다. 이 결과는 참이므로 트랜지스터는 잘 작동하고, 그 덕에 나는 레이저, 저전력 LED 조명, MRI 스캔은 물론, 현대 컴퓨팅 장비와 스마트 기기의 모든 이점을 누리고 있는 것이다.

정말 지겨워!

라마누잔 급수의 합은 대다수 수학자를 매우 언짢게 한다. 대체 왜 양수의 합이 음수가 되는 걸까?

1948년 네덜란드 물리학자 헨드릭 카시미르Hendrik Casimir는 라마누잔 합의 기묘한 결과가 필요한 양자물리학 법칙에 따라 진공에서는 두 금속판 사이에 힘이 존재해야 한다고 예측했다. 1997년 카시미르 힘Casimir Force의 존재가 마침내 증명되자, 모든 자연수의 합이 0보다 약간 작다는 사실의 타당성이 밝혀졌다.

14장

아이팟에 담긴 수학

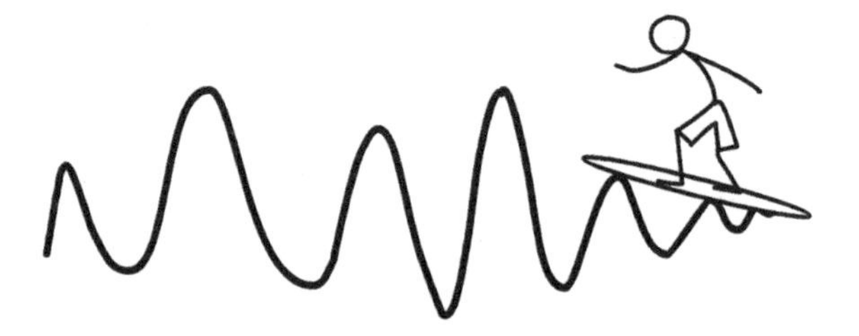

현대 전자장치가 라마누잔 급수라는 '수학적 주술'에 의존한다는 사실을 알게 됐으니, 통신과 오락을 위한 전자장치를 즐기기 위해 좀 더 현실적인 수학적 기술을 살펴보자.

스마일 앤 웨이브

샤워 중에 노래를 부르든, 친구에게 전화를 걸든, 팟캐스트를 듣든, 우리 뇌는 고막에 가해지는 압력이 소리로 바뀌는 미세한 변화를 경험한다. 모두 진동 때문이다. 즉, 공기 입자든, 고막이든, 하이파이 스피커든 모든 것은 앞뒤로 움직인다. 진동이 느리면 저음, 빠르면 고음이 된다. 물론 속도에 상관없이 더 크거나 작은 진동은 낮거나 부드러운 소리가 된다. 진동의 음높이(또는 주파수)와 크기(진폭)는 소리를 파동 형태로 나타낼 수 있음을 의미한다.

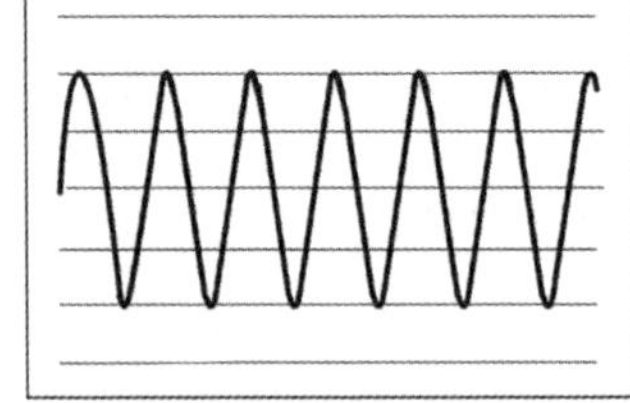
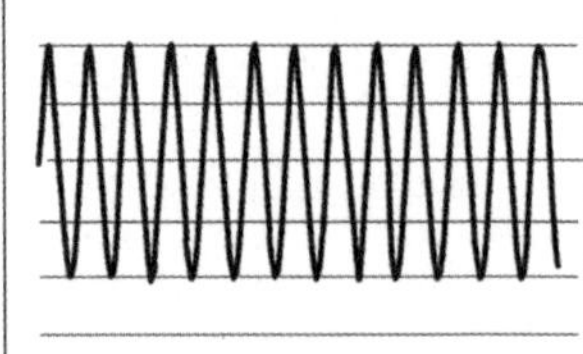

위 두 파동의 경우, 진폭은 같지만(그래서 크기도 같다), 주파수는 다르다. 사실, 오른쪽 파동의 주파수는 왼쪽 파동의 2배다. 즉, 왼쪽 파동이 1번 오르내릴 때, 오른쪽 파동은 2번 오르내린다. 만약 이 파동 중 하나를 스피커로 통과시키면, 특정 음높이에서 매우 순수한 소리를 들을 수 있다. 사인파Sine Wave라고 불리는 이 소리는 당연히 매우 자주 발생하는 게 아니다. 그 이유는 나중에 살펴보겠다. 주파수를 2배씩 올리면, 음높이가 한 옥타브씩 바뀐다. 오케스트라가 연주를 시작할 때 조율하는 음은 1초에 440번 진동하는 A(라)음이다. 이 음의 주파수를 880번까지 2배 올리면, 첫 번째 A보다 한 옥타브 높은 또 다른 A음이 나온다. 물론 이 음들은 비슷하게 들린다. 남자와 여자가 음을 맞춰 같은 노래를 부르는 것처럼 들리지만, 여자 목소리가 남자보다 높다. 주파수와 음높이는 헤르츠(Hz)로 측정한다. 헤르츠는 독일 물리학자 하인리히 헤르츠Heinrich Hertz의 이름에서 따왔다. 1Hz는 '1초' 동안의 진동 횟수로, 10Hz로 진동한다는 건 1초에 10번씩 앞뒤로 흔들린다는 뜻이다.

우리가 말하거나 노래하거나 악기를 연주하며 내는 소리의 음파는 위에서 본 사인파보다 훨씬 복잡하다. 고조파harmonics 때문이다. 기타 줄을 예로 들어보자. 우리가 기타 줄을 튕기면 줄이 앞뒤로 흔들리며 음높이를 만들어낸다.

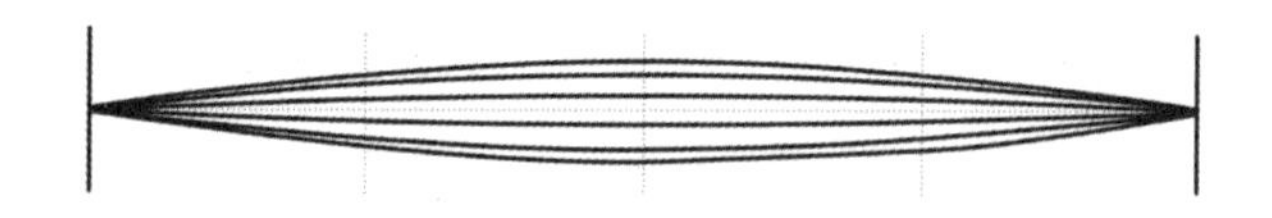

기타 줄을 튕기면 잠시 줄이 심하게 흔들리다가 시간이 지날수록 소리가 잦아든다.

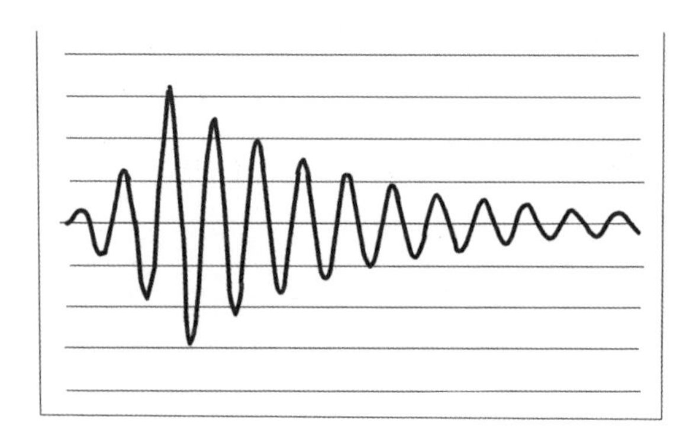

얼핏 보면 여전히 소리가 커지고 부드러워지는 사인파 같지만 기타 소리는 사인파처럼 들리지 않는다. 왜 그럴까? 우리가 기타를 튕기면 기타 줄은 여러 방식으로 진동한다. 예를 들어 다음과 같이 진동할 수 있다.

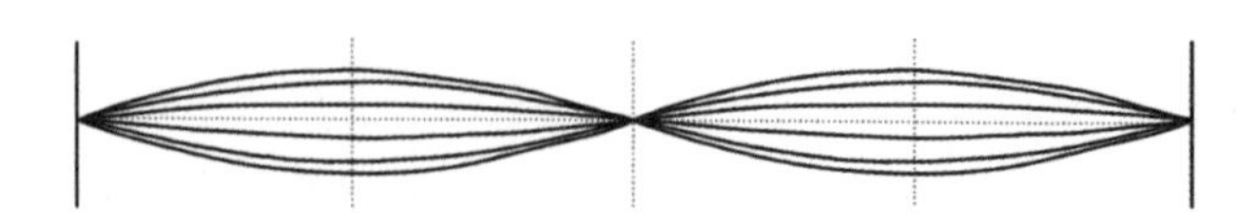

이와 같은 진동은 다른 진동처럼 발생하지만, 이 장의 첫 머리에 선보인 두 파동처럼 주파수가 2배이므로 한 옥타브 높게 들린다. 2개의 파동 형태가 결합해 기타 줄이 튕겨지며 나오는 전체 소리를 만들어낸다.

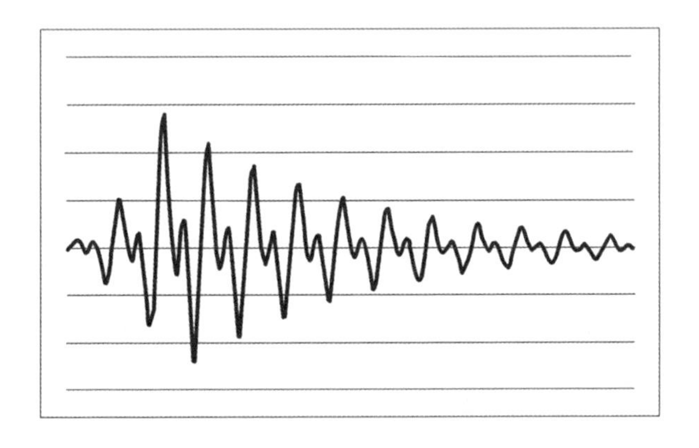

기타 줄이 제각각 여러 방식으로 진동하다 보니 파동은 더욱 복잡해진다. 우리는 이 파동을 악기의 음색으로 여긴다. 수많은 악기가 특정 고조파를 강조하거나 강조하지 않는 다양한 방식으로 나름의 고유한 소리를 낸다.

표본화하기

소리가 작동하는 방식을 이해했으니 이제 영화나 팟캐스트, 전화 통화에서 소리가 녹음되는 방식을 살펴보자. 소리가 전자적으로 녹음되려면, 소리를 표본으로 추출해야 한다. 녹음 계약을 맺고 녹음 스튜디오에서 앨범을 만드는 경우, 오디오는 44,100Hz의 CD 품질로 표본화된다. 이 주파수는 어디서 오는 걸까? 음, 사실은 우리의 귀에서 꺼냈다.

소리가 표본화된다는 건 해당 시간 동안 파형의 스냅숏이 생성된다는 뜻이다. 스냅숏이 많을수록 표본화한 파형이 원래 파형과 더욱 비슷해진다. 말하자면 어떤 장면을 보는 것과 같다. 축구 경기 중 찍은 사진 두 장을 보여주면 서로 다른 두 순간에 무슨 일이 일어났는지 짐작할 수 있다. 하지만 사진을 점점 더 많이 찍으면 동작까지 따라 할 수 있을 정도가 된다. 만약 1초 동안 찍은 사진 24장을 그 속도로 본다면, 거의 실시간으로 경기를 시청하는 것과 다름없을 것이다.

무언가를 이런 방식으로 표본화할 때는 나이퀴스트–섀넌 정리Nyquist-Shannon Theorem를 기억해야 한다. 나이퀴스트–섀넌 정리는 1920년대와 1930년대에 표본화 작업을 개척한

두 전자 기술자의 이름을 따 명명되었다. 때마침 당시에 라디오 방송이라는 획기적인 사건이 일어났다. 나이퀴스트와 섀넌은 표본화로 무언가를 잘 표현하려면 표본화하는 것의 두 배 비율로 표본을 추출해야 한다는 것을 알아냈다. 인간의 귀는 튜바나 교회 오르간에서 나오는 초저음 주파수인 약 20Hz에서 매우 날카로운 휘파람 소리나 오래된 평면 TV를 켤 때 나는 시끄러운 고음 주파수인 최대 20,000Hz까지 들을 수 있다. 20,000Hz를 2배로 늘리려면 최소 40,000Hz를 추출해야 한다. CD 품질의 44,100Hz에서 나머지 4,100Hz는 오디오가 TV용 비디오와 잘 어울리도록 해준다. 이는 비디오도 마찬가지다. 초당 12장의 사진은 비디오를 보고 있다는 착각이 들 만큼 충분한 양이지만, 비디오가 부드럽고 유동적으로 보이게 하려면 2배 더 빨리 표본을 채취해야 한다. 그래서 영화관은 24Hz로 영화를 상영하고, TV는 거주지에 따라 25Hz 또는 30Hz로 영상을 송출한다. 격렬한 액션 장면이나 컴퓨터 게임을 구동할 때는 훨씬 더 높을 수 있다.

데이터 다발

자, 그러면 3분짜리 팝송을 녹음했다고 하자. 44,100Hz에서 표본화된 이 노래에서 총 44,100×180=7,938,000개의 표본을 얻었다. 각 표본에는 16자리 이진수, 즉 비트가 포함되어 있다. 이진법은 컴퓨터가 사용하는 숫자 체계로, 우리가 세는 십진법과 다르다. 16자리 이진수는 2^{16}=65,536에 이른다. 그래서 표본마다 해당 지점의 파형을 설명하는 0부터 65,356까지의 숫자가 포함되어 있다. 따라서 이 노래는 7,938,000×16=127,008,000비트의 정보로 구성된다. 좀 더 친숙한 용어로 표현하자면, 1바이트는 8비트이므로 127,008,000÷8=15,876,000바이트, 즉 약 16MB(메가바이트)다.

오, 놀라워라!

최초는 아니어도 아마 가장 유명한 휴대용 미디어 플레이어인 아이팟은 첫 아이폰이 나오기 6년 전인 2001년에 출시되었다. 아이팟은 음악을 저장하는 하드디스크 드라이브가 내장된 휴대용 장치다. 이전에는 물리적 공간을 많이 차지하는 테이프나 CD를 지니고 다녔기 때문에 아이팟의 등장은 획기적인 사건이었다. 첫 아이팟에는 5GB 하드디스크 드라이브가 있어 앞서 제시한 예시처럼 약 400곡의 노래를 담을 수 있었다. 이것도 참 굉장한 일이었지만, 혹시 더 많은 곡을 담을 방법은 없었을까?

1990년대 중반이 되자 사람들은 인터넷을 통해 파일을 공유하기 시작했고, 얼마 지나지 않아 음악과 동영상도 공유의 대상이 됐다. 물론 광대역 인터넷이 아직 보급되기 전이라 16MB의 노래조차 공유하는 데 시간이 좀 걸렸을 것이다. 기존 전화선을 사용한 전화 접속 인터넷은 초당 50킬로비트의 속도로 정보를 전송할 수 있었다. 말하자면 노래 한 곡을 내려받는 데 16,000,000÷50,000=320초, 즉 5분 넘게 걸렸다.

당연히 컴퓨터 과학자들은 음악 파일의 크기를 줄이거나 압축하는 방법을 연구했다. 한 가지 방법이 MP3 파일이었는데, 프랑스 수학자 조제프 푸리에Joseph Fourier는 수학으로 그 임무를 완수했다.

푸리에는 어떤 방정식이든, 심지어 가장 복잡한 방정식이라도 더 간단한 방정식끼리 덧붙여 계산할 수 있다는 사실을 알아냈다. 앞서 살펴본 기타 줄과는 정반대다. 기타 줄에서는 2개의 간단한 파형을 추가해 복잡한 파형을 만들어냈다. 푸리에는 이 원리를 반대로 구현할 방법을 알아냈다. 생각해보면, 푸리에의 방법은 음악을 들을 때 귀와 뇌가 하는 일과 정확히 일치한다. 모든 다양한 악기나 목에서 나오는 소리가 우리 귀에는 하나의 혼합된 신호로 닿는다. 그리고 우리 뇌는 이 소리를 기타나 드럼, 목소리 등으로 구별해낸다.

MP3 발명가들은 푸리에 분석을 이용해 음악 신호를 32개의 주파수 대역으로 분리했다. 우선, 인간의 청력 범위를 벗어나는 모든 주파수 대역은 폐기한다. 둘째, 신호가 거의 없거나 아예 없는 주파수 대역도 노래의 품질을 크게 떨어뜨리지 않고 폐기할 수 있다.

인간의 귀는 청력 범위 안에 있는 다른 어떤 특정 주파수를 더 잘 듣는다. 우리는 음성과 일치하는 2~4kHz 범위의 소리를 가장 잘 듣는다. 이 주파수 밖에 있는 소리는 같은 음량으로 재생되더라도 훨씬 조용하게 들린다. 따라서 신호가 조용한 주파수 대역도 듣는 이가 눈치채지 못하게 폐기할 수 있다.

이 모든 요소를 종합하면, MP3 알고리즘은 노래를 저장하는 데 사용되는 원시 데이터의 양을 줄일 수 있다. 품질 좋은 MP3는 초당 128킬로비트를 사용한다. 그러면 우리가 저장하는 곡은 128,000×60×3=23,040,000비트, 23,040,000÷8=2,880,000바이트, 또는 2.88MB이므로, CD 파일의 4분의 1 미만이다. 오늘날에는 음악을 디지털 방식으로 저장하므로 하드디스크나 클라우드 저장 공간을 덜 차지할 뿐 아니라 와이파이 및 데이터 연결을 통한 스트리밍도 쉬워졌다.

고음 도전

어릴 적 나는 버스로 통학했다. 런던에 살았는데 유명한 빨간 이층 버스를 자주 이용하곤 했다. 가끔은 버스가 신호등 때문에 서거나, 정류장에 멈출 때 엔진의 진동으로 전봇대가 흔들릴 정도로 끔찍한 소음을 일으키는 게 신기했다. 대학에 입학하고 나서야 나는 이 현상이 공명이라는 것을 알게 되었다. 2장에서 우리는 샤워실에서 울리는 공명을 간략히 살펴본 바 있다.

모든 물체는 공명하는 주파수를 갖는다. 이것은 에너지가 투입되면 가장 많은 진동이 발생하는 특정 주파수가 있음을 의미한다. 아이를 그네에 태워 밀면, 속도가 빠를 때도 있고 그렇지 않을 때도 있다. 노래를 부를 때 가장 잘 들리는 음이 있다면, 그것은 가슴과 입, 머리의 공명 주파수와 그 안의 공기 공간 덕분이다. 버스 엔진의 주파수가 전봇대의 공명 주파수에 닿아 전봇대에 있는 철제 보호 덮개들이 덜컹거리게 된다.

오페라 가수가 목소리의 힘만으로 유리를 산산조각 낼 수 있다는 이야기를 들어본 적이 있을 것이다. 어떻게 그럴 수 있을까? 와인 잔의 공명이 특히 유명한데, 누군가가 연설을 하기 전에 수저로 잔을 두드릴 때 청명한 소리를 내는 잔이 특정 음에 잘 공명한다. 만약 그 음을 목소리로 재현할 수 있다면, 그 진동이 공기를 통과해 유리를 진동시킬 것이다. 유리에 미세한 흠집이 생길 정도로 충분히 진동한다면, 유리는 깨질 것이다. 와장창 깨트리려면 더 세게 소리를 지르면 된다.

경이로운 수학자

조제프 푸리에는 매우 흥미로운 삶을 살았다. 어린 나이에 고아가 된 푸리에는 베네딕트 수도회 사제가 되는 훈련을 받다가 까다로운 수학 문제에 사로잡혀 교사가 되었고, 프랑스혁명 동안에는 혁명가가 되었다. 1798년 나폴레옹 보나파르트가 이집트를 합병하려 할 때는 나폴레옹의 과학 고문이 되었고, 프랑스가 영국군에 항복한 후인 1801년 프랑스로 돌아왔다. 그르노블시 주변 지역을 통치하면서 시간을 쪼개어 열전달과 관련된 다양한 수학과 푸리에 파동 연구에 매진했다. 또한 지구 대기가 태양열을 가둬 태양에서 발생한 에너지가 예상보다 더 따뜻하게 유지된다는 온실 효과를 처음으로 알아냈다.

푸리에는 자신의 다양한 연구에 대해 이렇게 말했다. "수학은 가장 다채로운 현상을 비교하고, 그 현상을 통합하는 비밀스러운 유사성을 알아낸다." 푸리에의 이 말은 나 같은 사람이 수학을 사랑하는 많은 이유 중 하나에 대한 통찰력을 제공한다.

15장

이토록 좁은 세상

스마트폰 이전 시대를 기억하는 사람들에게 소셜 미디어 플랫폼의 등장은 엄청난 사건이었다. 가족이나 친구, 지인의 광범위한 사회 관계망에 접근해 친분을 유지하는 좋은 방법일 뿐 아니라 좋아하는 연예인이나 유명 인사와도 연락할 수 있다. 존경하는 인물에게 말을 걸어볼 수도 있고, 운이 좋으면 그들로부터 응답을 받을 수도 있다.

클릭 한 번으로 유명 인사와 연락할 수 있다니. 아니 과연 그럴 수 있을까? 사실 유명 인사에게 게시글을 남기면 소셜 미디어 관리자와 만날 가능성이 더 크다. 차라리 개인적으로 알고 신뢰하는 사람에게 메시지를 보내는 게 훨씬 낫다(아니면 전달, 공유, 리트윗, 핀 연결 등도 가능하다). 그렇다면 어떻게 해야 그들과 돈독한 관계를 쌓을 수 있을까?

6단계 법칙

수학자나 경제학자, 정치학자 들은 인터넷이 발명되기 훨씬 전부터 소셜 네트워크에 관심이 있었다. 원거리 전화선 같은 발명품이나 점점 더 저렴해지는 자동차로 사람들이 더 멀리 떨어진 곳에서 연락을 주고받을 수 있게 되었을 때, 사람들이 어떻게 상호 연결되어 있는지, 그리고 이 연결망이 어떻게 변화하고 있는지 무척 알고 싶어 했다.

우리는 몇 가지 가정으로 사람들의 관계망을 모형화할 수 있다. 어떤 사람에게 부탁을 할 수 있을 만큼 가까운 친구나 지인이 50명쯤 있다고 가정해보자. 그러면 당신이 서로 잘 아는 두 사람과 친구가 되면 50×50=2,500명의 친구가 생긴다. 즉, 첫 번째 사람의 친구 50명은 각각 50명의 다른 친구가 있고 그 친구들 사이에는 친분이 전혀 없다고 가정한다. 물론 비현실이긴 하지만, 지금은 이 가정을 고수하자. 일단 우리가 친구 3명을 사귀면, 친구 수는 12만 5000명이 된다. 친구를 추가할수록, 전체 친구 수는 50배씩 늘어난다. 그래서 친구가 6명이 되면 그들 사이의 소셜 네트워크는 150억 명 이상으로 확장된다. 전 세계 인구는 150억이 안 된다. 따라서 이 모델로, 나는 약 6명의 친구나 지인으로 이루어진 연결고리를 통해 누구와도 연락을 취할 수 있다. 이 결과를 6단계 분리 법칙six degrees of separation이라고 하며, 이 이론은 세상이 얼마나 '좁은지' 알려준다.

하지만 이건 가설일 뿐이다. 내가 친구 수를 적게 가정하긴 했지만 분명히 그들 중 몇몇은 서로 알고 있을 수 있으므로 전체 친구 수는 줄어들 것이다. 어떻게 하면 좀 더 현실적으로 문제를 해결할 수 있을까?

펜팔

1960년대 미국 심리학자 스탠리 밀그램Stanley Milgram은 이 문제의 답을 찾기 위해 간단한 실험을 고안했다. 밀그램은 미국 보스턴에서 멀리 떨어진 각 도시의 지역 신문에 광고를 내서, 자신이 타인과 서로 잘 연결되어 있다고 느끼는 지원자들을 모집했다. 그리고 실험 참가자들에게 보스턴에 사는 사람의 이름을 적어 보냈다. 만약 그 사람이 아는 사람이면 그에게 직접 편지를 보내고, 모르는 사람이라고 생각한다면 그 사람을 알고 있을 것 같은 사람에게 그 편지를 전달하라고 요청했다.

밀그램은 실험 참가자들에게서 얻은 데이터로 대다수 미국인은 최대 6명을 거치면 모두 아는 사이라는 결론을 내렸으며, 이는 앞서 언급한 6단계 분리 법칙을 뒷받침한다.

그저 시키는 대로 했을 뿐

스탠리 밀그램은 그리 유익하지 않은 실험으로도 유명하다. 1961년, 밀그램은 처벌이 기억에 미치는 영향을 연구하기 위해 사람들에게 전기 충격을 가할 지원자들을 모집했다. 그리고 실험이 진행됨에 따라, 전기 충격의 전압을 위험 수위까지 높이도록 했다.

지원자들에게는 알려지지 않았지만, 실험의 실제 목적은 희생자를 연기하는 배우의 탄원, 비명, 그리고 침묵에도 그들이 어디까지 전압을 올릴 수 있는지 확인하는 것이었다. 배우들은 불안에 떨었지만, 60% 이상의 참가자들이 최고 전압으로 전기 충격을 가했다.

정말 충격적이다.

케빈 베이컨의 6단계 법칙

물론 밀그램의 실험에는 몇 가지 문제점이 있다. 우선 많은 사람이 편지를 받고도 답장을 하지 않았다. 말하자면 연결고리가 길어질수록 목표물에 도달할 가능성이 적었다. 따라서 상대하는 모집단을 제한하면, 이 문제는 훨씬 쉽게 해결된다.

인터넷에서 케빈 베이컨을 검색해보자. 케빈 베이컨은 60여 편의 영화에 출연했으며, 오랜 경력을 자랑하는 미국 배우다. 1990년대에 일부 학생들이 케빈 베이컨 게임을 고안했다. 이 게임의 목적은 어느 배우든 무작위로 골라 그들의 동료 배우를 통해 케빈 베이컨과 연결하는 것이다. 시어셔 로넌을 예로 들어보겠다. 시어셔 로넌은 배우 제임스 매커보이와 함께 영화 〈어톤먼트〉에 출연했고, 제임스 매커보이는 케빈 베이컨과 함께 〈엑스맨 퍼스트 클래스〉에 출연했다. 그 결과 시어셔 로넌은 단 두 단계 만에 케빈 베이컨과 연결됐다. 이때 베이컨과 함께 출연한 매커보이는 베이컨 지수가 1, 베이컨과 출연하지 않았지만 매커보이와 출연한 로넌은 베이컨 지수가 2로 설정됐다. 물론 케빈 베이컨의 베이컨 지수는 0이다.

수학자들은 이 게임의 훨씬 따분한 버전을 가지고 있다. 바로 에르되시 수Erdős Number를 구하는 게임이다. 에르되시 수는 (1장에 소개한 커피 이야기를 포함해) 여러 수학 논문의 공동 저자로 유명한 헝가리 수학자 에르되시 팔과 연결된 수학자 수를 말한다. 예를 들어 알베르트 아인슈타인은 에르되시 수가 2로, 에르되시와 공동 저작을 한 수학자와 함께 논문을 발표했다. 하버드대학에서 심리학을 공부한 배우 내털리 포트먼은 에르되시와 함께 논문을 발표한 학자들 덕분에 뜻밖에도 에르되시 수가 5다.

이 두 게임을 결합하면 에르되시 수와 베이컨 지수를 더하는 에르되시-베이컨 게임을 할 수 있다. 포트먼의 베이컨 지수는 2이므로, 에르되시-베이컨 수는 5+2=7이다. 또 다른 이들의 번호는 직접 찾아보시라.

우리는 한 가족

우리는 소셜 네트워크와 같은 수학을 이용해 모든 인간이 조상을 공유해야 한다는 사실을 증명할 수 있다. 사실, 우리는 모두 사촌지간이다. 모든 인간은 정확히 2명의 친부모가 있고, 친부모 역시 각각 정확히 2명의 친부모가 있다. 따라서 기본적으로 우리는 2명의 부모, 4명의 조부모, 8명의 증조부모 등이 있어야 한다.

1000년 전으로 돌아가 우리 조상들이 평균 25년마다 번식을 했다고 가정해보자. 그러면 40세대가 생긴다. 40세대가 등장하기 전, 얼마나 많은 조상이 필요했는지 계산하려면 2를 40번 곱하면 된다. 즉, 2^{40}=1,099,511,627,776이므로, 40세대가 되면 1조 명 이상의 조상이 있어야 한다.

무척이나 많게 느껴지는가? 물론 지금까지 약 1000억 명의 사람만이 살았다고 추정하면 그렇다.

그렇다면 이 수치는 과연 무엇을 의미할까? 음, 수많은 조상이 우리 가계도를 한 번 이상은 거쳐갔다는 뜻이다. 말하자면 우리 모두는 어느 정도 친족이라는 사실을 알려주는 좋은 예시다. 또한 누군가의 수많은 조상이 나의 조상이라는 사실을 뜻하기도 한다. 그러니 아무리 멀리 떨어져 있어도 모두가 친척이다.

사회 관계망

지인 연결고리를 통해 유명인의 팬으로 주목받고 싶다고 해보자. 그 가능성은 사회 관계망 크기에 따라 달라진다. 페이스북 사용자는 평균적으로 약 300명의 친구가 있다. 유명 인사가 아닌 일반인 트위터 사용자는 약 400명의 팔로워가 있다. 그리고 평범한 인스타그램 사용자는 약 150명의 팔로워가 있다. 하지만 당신이 누군가를 알고, 그 사람은 또 다른 누군가를 알고, 그 사람이 또 누군가를 알고, 그 사람도 또 다른 누군가를 알고, 그 사람도 또 누군가를 안다면, 그 사람은 당신이 연락하고 싶은 누군가를 반드시 알고 있다.

믿을 수 있습니까?

우리 몸의 모든 세포는 어머니에게서 반, 아버지에게서 반 물려받은 유전 정보를 담고 있다. 세포 안에는 미토콘드리아가 있으며 미토콘드리아는 어머니에게서 독점적으로 물려받은 자체 DNA를 갖고 있다. 이 말은 미토콘드리아 DNA를 분석하면 미토콘드리아 이브Mitochondrial Eve, 즉 현존하는 모든 사람의 모계 조상이 되는 여성을 과학자들이 찾을 수 있다는 것이다. 현재 알려진 바에 따르면 이 여성은 10~20만 년 전에 살았다. Y 염색체 아담Y-Chromosomal Adam은 남성 혈통을 이어받는 Y염색체를 보고 연구한 것으로, 20~30만 년 전으로 거슬러 올라간다. 따라서 Y 염색체 아담과 미토콘드리아 이브가 부부였을 가능성은 매우 낮다.

6부

잠자리에 들 시간

긴 하루였지만, 아직도 다양한 수학이 우리를 기다리고 있다. 온수와 냉수가 조화롭게 섞인 목욕물, 밤새 꿀잠을 취하도록 도와줄 그래프를 만나보자.

16장

만약 낮과 밤의 길이가 같다면

일출과 일몰이라는 말을 들으면 태양이 그 시간에 무언가를 하고 있다는 착각에 빠진다. 물론 그렇지 않다. 다들 알다시피, 태양이 동쪽에서 뜨고 서쪽으로 지는 것처럼 보이는 이유는 지구가 자전하기 때문이다. 지구 어느 곳에 사는지에 따라, 일출 및 일몰 시간은 절기마다 다르다. 왜 그럴까?

북극광

지구는 거의 구 모양이다. 적도의 반지름은 극지방의 반지름보다 약 30km 더 길다. 이는 꽤 큰 차이처럼 보이지만 지구 중심에서 적도까지의 거리는 6,380km이므로 30km는 이것의 0.5%에도 미치지 못한다. 우리가 적도에서 얼마나 떨어져 있는지는 위도로 측정한다. 나는 적도에서 북쪽으로 54° 떨어진 영국 요크에 살고 있다. 이는 적도에서 지구의 중심을 지나 요크까지 가는 선 사이의 각도가 54°라는 뜻이다.

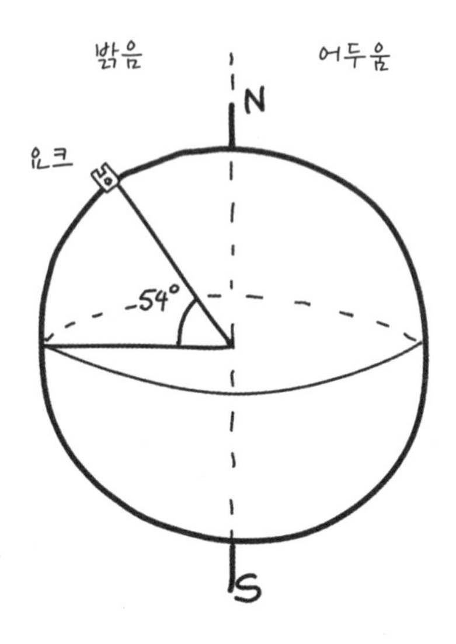

이곳은 정말 꽤 먼 북쪽이다. 하지에 낮은 17시간 가까이 지속된다. 동지에는 약 7시간 22분에 불과하다. 이 차이는 상당하다. 위 그림에서 적도와 수평인 지역은 낮과 밤의 길이가 같다는 것을 나타낸다. 즉 요크 및 다른 모든 곳은 낮과 밤이 각각 12시간이다. 춘분 또는 추분을 의미하는 단어 'equinox'는 '동일하다'와 '밤'을 의미하는 라틴어에서 유래

했다.

만약 지구가 항상 태양에 이 같은 모습을 보인다면, 전 세계 어디서든 낮과 밤의 길이가 같을 것이다. 과학자들은 지구가 형성될 당시 소행성들과 살짝 충돌하여 중심에서 약간 기울어졌다고 생각한다. 그 결과 지구의 자전축은 수직이 아니라 23.4° 기울어져 있다. 지구가 1년 동안 태양을 공전할 때, 그 기울기는 특정 위도가 받는 햇빛의 세기와 기간을 변화시켜 우리에게 계절을 제공한다. 6월 21일, 하지일 때 지구의 모습은 다음과 같다.

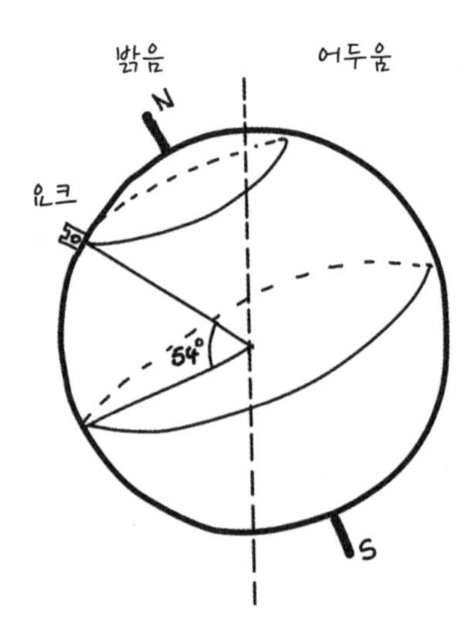

전 세계에서 요크는 훨씬 밝은 곳에 치우쳐 움직이고 있으므로, 낮이 더 길다는 것을 알 수 있다. 겨울에는 반대의 상황이 된다. 요크는 지구의 어두운 곳에서 대부분 움직이게 된다. 일조량 시간을 알아내는 것과 관련된 수학은 다소 까다롭지만, 학교 수학을 넘어서지는 않는다. 다만 미리 경고하는데, 삼각법을 다시 익히고 싶지 않다면 다음 내용은 건너뛰는 게 좋을 것이다. 다음은 이 책에서 선보이는 가장 까다로운 수학 개념 중 하나다.

까다로운 삼각법

하짓날 요크는 얼마나 많은 시간 동안 햇빛을 받게 되는지 알아보자.

위도 54°에서 지구 꼭대기를 톱으로 잘라냈다고 상상해보자. 삶은 달걀의 윗부분을 자르는 것과 비슷하다. 그런 다음 북극 위에서 내려다보았다. 그 위에 몇 개의 점을 표시한 뒤 1번 그림이라고 하자. 나중에 다시 살펴볼 것이다.

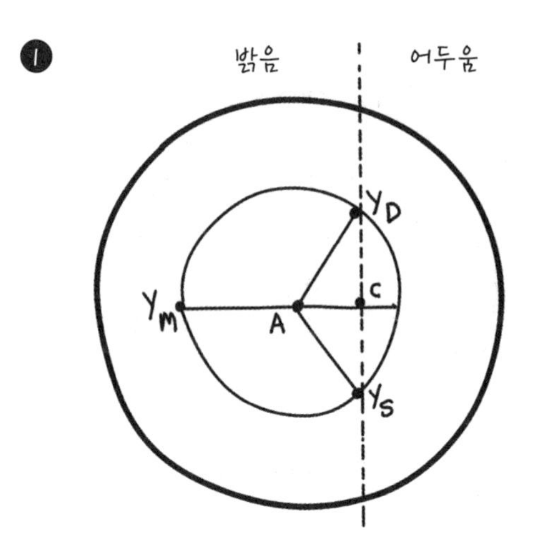

A는 원의 중심이고, 지구 및 북극의 중심과 같은 선상에 있다. 새벽과 정오, 일몰의 요크는 각각 Y_D, Y_M, Y_S로 표시했다. 요크가 햇빛을 얼마나 오래 받는지 알아내려면, 요크가 움직일 때 받는 빛이 어느 정도인지 알아야 한다. 그러기 위해서는 360°에 대한 비율을 계산해야 한다. 이를 위해 Y_M에서 A, A에서 C까지의 거리를 알아야 한다.

앞서 본 것처럼 요크는 위도 54°에 있고, 지구의 반지름은 6,371km이다. 그래서 옆모습은 다음과 같을 것이다.

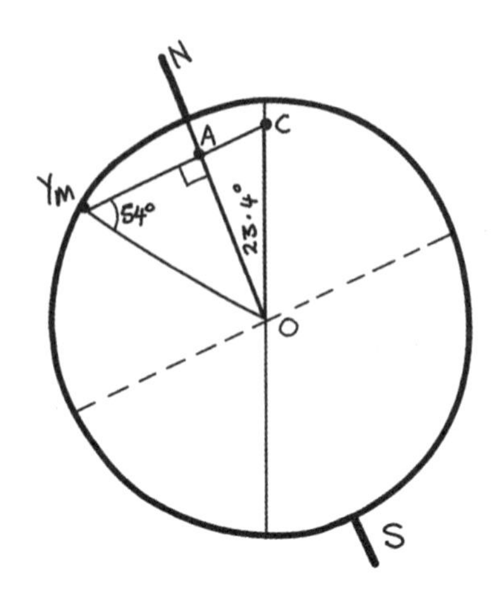

삼각형 Y_MAO에서, O는 지구의 중심이므로 삼각법을 이용해 다음과 같이 쓸 수 있다.

$$\cos 54° = \frac{Y_MA}{OY_M}$$

여기서 OY_M은 지구의 반지름이므로 다음처럼 나타낼 수 있다.

$$\cos 54° = \frac{Y_M A}{6,371}$$

양변에 6,371을 곱하면 다음과 같다.

$$6,371\cos 54° = Y_M A$$

계산기로 답을 구하면 대략 $Y_M A$= 3,745km다. 따라서 이제는 북위 54°에 있는 지구 둘레의 반경이 3,745km임을 알게 되었다. 이 사실은 잠시 후 다시 이용할 것이다.

A에서 C까지의 거리를 계산하려면, A에서 O까지의 거리를 알아야 한다. 삼각형 $Y_M AO$에서, O는 지구의 중심이므로 삼각법을 이용해 다음과 같이 나타낼 수 있다.

$$\sin 54° = \frac{AO}{OY_M}$$

여기서 OY_M은 지구의 반지름이므로 다음과 같다.

$$\sin 54° = \frac{AO}{6,371}$$

양변에 6,371을 곱하면 다음과 같다.

$$6,371\sin 54° = AO$$

다시 한번 계산기를 재빨리 두드려 자연수로 나타내면 AO=5,154km이다. 이제 삼각형 ACO를 보자. O에서의 각도가 23.4°라는 것을 알고 있으므로 다음과 같이 나타낼 수 있다.

$$\tan 23.4° = \frac{AC}{AO}$$

방금 AO의 길이를 구했으므로, 양변에 그 값을 곱한다.

$$5,154\tan 23.4° = AC$$

이 값을 계산하면 AC의 길이는 약 2,230km다. 이제 1번 그림으로 돌아가 삼각형 ACY_S를 보고 이렇게 나타낼 수 있다.

$$\cos A = \frac{AC}{AY_s}$$

나는 AC와 AY_S가 처음에 계산한 AY_M과 같다는 것을 알고 있다. 따라서 이렇게 된다.

$$\cos A = \frac{2,230}{3,745}$$

이 식은 다음을 의미한다.

$$A = \cos^{-1}\left(\frac{2,230}{3,745}\right)$$

이 값을 계산하면 각 A의 크기는 53.5°다. 삼각형 ACY_D

는 삼각형 ACY_S와 같으므로, 어두울 때 요크의 운동 각도가 53.5+53.5=107° 이고, 대낮에는 360−107=253° 임을 의미한다. 이것을 360° 비율로 계산해 24시간을 곱하면 요크, 또는 실제로 위도의 어느 곳에서나 하지 때 낮의 길이를 구할 수 있다.

$$\frac{253}{360} \times 24 = 16.87\text{시간}$$

따라서 낮의 잠재적 길이는 16시간 52분이다. 1년 내내 지구가 태양 주위를 움직이는 동안, 기울기 23.4° 가 받는 일조량은 고위도의 낮을 길거나 짧아지게 한다.

자연광

태양은 지구 크기의 100만 배가 넘는 거대한 핵 용광로다. 태양이 방출하는 에너지의 98%는 광자 형태의 무질량 입자로 전자기 스펙트럼을 형성한다.

전파	마이크로파	적외선	가시광선	자외선	X선	감마선
낮은 에너지 장파장	→					높은 에너지 단파장

광자는 에너지와 파장에 따라 이름과 성질이 결정된다. 파장이 긴 광자는 에너지가 적다. 우리는 이 광자를 전파라고 부른다. 전파보다 파장이 짧으면 마이크로파가 된다. 마이크로파는 전자레인지에서 음식을 데울 때 사용하는 바로 그 전자기파인데, 와이파이와 레이더에도 사용된다. 그다음은 열을 느낄 수 있는 적외선이다. 그러고 나면 가시광선이라는 무지개 빛깔의 작은 스펙트럼 층에 이른다. 그 후 자외선에 도달한다. 자외선은 햇볕에 그을리게 하거나 피부암을 일으키는 전자기파다. 자외선을 지나면 X선이 있다. X선은 우리 몸의 거의 모든 뼈를 통과할 수 있을 만큼 에너지가 충분하다. 마지막은 감마선으로, 우리 몸을 바로 통과한다.

태양은 가시광선의 모든 파장을 방출한다. 가시광선의 모든 파장을 합치면 흰빛이 나오므로 태양은 하얗다. 하지만 우리의 인식은 종종 그렇게 판단하지 않는다. 반 고흐의 작품이든, 냉장고에 붙어 있는 아이의 그림이든, 예술 속 태양은 언제나 노란색이나 주황색이다. 왜일까?

만약 우주에 가서 본다면(6장 참조), 태양은 하얗게 보일 것이다. 지구에서는 대기가 우리의 지각 방식에 영향을 미친다. 학교에서 유리 프리즘을 통한 백색광이 가시광선 스펙트럼으로 쪼개지는 실험을 해보았거나 어쩌면 핑크 플로이드의 〈달의 어두운 부분The Dark Side of the Moon〉이라는 유명한 앨범 표지를 통해 접했을 것이다. 빛은 한 매체에서 다른 매체로 갈 때 구부러진다. 그래서 유리컵을 특정 각도에서 바라보면 빨대가 구부러진 것처럼 보인다. 하지만 빛은 고르게 구부러지지 않는다. 빛의 파장에 따라 휘어지는 양이 달라지므로 빛이 쪼개지면 예쁜 무지개무늬를 만들기도 한다.

지구 대기에서도 정확히 똑같은 현상이 일어난다. 대기 자체는 다양한 가스와 증기의 혼합물이다. 스펙트럼의 파란색 끝에 있는 더 짧은 파장이 가장 먼저 흩어져 하늘이 파랗게 보인다. 우리에게 내려오는 빛은 스펙트럼의 붉은색 끝으로 이동한다. 그리고 대기를 더 많이 지날수록, 빛은 더 휘어진다. 그래서 빛이 수많은 대기를 비스듬히 통과하는 일몰과 일출 때, 하늘이 주황색과 붉은색으로 물든다. 달도 마찬가지다. 하늘이 낮을수록 달이 더 붉게 보인다.

우리는 빛을 위해 진화했고, 우리가 받아들이는 빛의 색상으로 눈과 뇌는 피곤함을 호소한다(18장 참조).

더 가까이 움직이면

태양 주위를 도는 지구 궤도는 거의 원형이지만, 완전히는 아니다. 지구는 태양과 가장 먼 지점보다 가장 가까운 지점이 태양과 500만km 더 가깝다. 꽤 긴 것 같지만, 지구의 궤도 지름은 3억km다.

역설적으로 태양은 북반구의 한겨울인 1월 3일경에 지구와 가장 가까워진다. 가장 멀어질 때는 6개월 후인 7월 3일이다. 그래서 남반구의 여름은 태양에 더 가까워 북반구보다 더 따뜻하다. 하지만 남반구의 더 많은 부분이 늘어난 태양 에너지의 7%를 대부분 흡수하는 물로 덮여 있어 균형을 이룬다.

17장

욕조 목욕에 기분이 좋아지는 이유

앞서 2장에서 살펴보았듯이 우리 중 대다수가 샤워의 수학을 이용해 상쾌하고 말똥말똥하게 하루를 시작한다. 물론 속전속결식 샤워가 늘 우선순위인 건 아니다. 수많은 이가 기분 좋고 따뜻한 목욕의 사치를 즐긴다. 그런데 왜 따뜻한 물은 그토록 편안하게 느껴질까?

몸이 붕 뜨는 기분

저녁이 될 때까지 우리 근육은 온종일 열심히 일한다. 심지어, 아니면 유독, 우리가 책상 앞에 앉아 있는 경우에도 근육은 자세를 올바르게 지탱해주느라 몹시 피곤하다. 모든 근육은 가차 없는 중력에 맞서 싸워야 한다.

물체가 물에 뜨거나 잠기면 그 부피만큼 물이 밖으로 밀려나게 된다. 이 때문에 우리가 욕조 안에 들어가면 욕조 수위가 올라가고 아르키메데스도 자신의 이름을 딴 원리를 발견할 수 있었다. 아르키메데스에 따르면 액체 속에 담기거나 떠 있는 물체는 자신의 무게로 액체를 대신한다. 게다가 액체는 바뀐 무게와 같은 부력으로 다시 밀어낸다.

이를테면 바다에 무쇠 포탄을 떨어뜨렸다고 상상해보자. 무쇠의 밀도는 약 7.2g/cm^{3}고, 바닷물의 밀도는 1.024g/cm^{3}다. 만약 포탄의 부피가 4,000cm^{3}라면, 그 질량은 4,000×7.2=28,800g 또는 28.8kg이다. 같은 부피의 물은 4,000×1.024=4096g 또는 4.096kg이다.

이제 W=mg를 이용해 포탄과 물의 (질량이 아닌) 무게를 비교해야 한다.

$$W_{포탄} = 28.8 \times 9.8 = 282N$$

$$W_{물} = 4.096 \times 9.8 = 40N$$

따라서 포탄은 282N의 힘으로 아래로 당겨지고 40N의 부력으로 위로 밀어내진다. 예상대로 무게가 이기고 포탄은 바다 밑바닥을 향해 가속할 것이다.

사람의 밀도는 물의 밀도와 매우 비슷하다. 체성분에 따라 조금씩 차이가 나는데, 지방은 근육보다 밀도가 낮으므로 지방이 많을수록 물에 잘 뜬다. 본질적으로, 사람은 물에 떠 있으면 물의 부력 때문에 중력이 상쇄된다. 그 결과, 열심히 일한 우리의 근육은 충분히 쉴 수 있는 기회를 얻는다.

뜨거운 물에 몸을 담그면

수학적으로 볼 때 열전달은 까다로운 개념이지만, 목욕할 때 적용되는 몇 가지 기본적인 열역학 법칙이 있다. 열은 모두 같은 온도가 될 때까지 뜨거운 물체에서 주변으로 이동한다. 이때 전달되는 열에너지 양은 다음 식을 따른다.

$$\text{에너지} = mc\Delta T$$

이 등식에서 m은 질량, ΔT는 온도의 변화를 나타낸다. 비열 용량을 나타내는 c에 대해서는 조금 더 설명이 필요하다. 비열 용량은 밀도와 아주 약간 비슷하다. 즉, 비열 용량이란 어떤 물질 1kg의 온도를 1°C만큼 올리는 데 필요한 열에너지 양이다. 물의 비열 용량은 섭씨 1°C 올릴 때마다 1kg당

4,184J이다. 욕조 목욕에 좋은 온도는 약 45°C인데, 온수 꼭지에서 55°C, 냉수 꼭지에서 7°C의 물이 나온다. 각각 얼마가 필요할지 수학적으로 해결할 방법이 있을까?

우선 뜨거운 물에서 나오는 열에너지가 찬물로 흐른다는 사실을 깨닫는 게 중요하다. 우리는 찬물을 45°C까지 데울 수 있는 뜨거운 물과 뜨거운 물을 45°C까지 식힐 수 있는 찬물을 원한다.

목표 온도인 45°C를 위해 찬물 1kg을 38°C까지 가열하는 데 필요한 열에너지는 다음과 같다.

$$
\begin{aligned}
\text{에너지} &= 1 \times 4{,}184 \times 38 \\
&= 158{,}992\text{J}
\end{aligned}
$$

55°C의 뜨거운 물 1kg이 45°C까지 떨어지는 데 전달되어야 하는 열에너지는 다음과 같다.

$$
\begin{aligned}
\text{에너지} &= 1 \times 4{,}184 \times 10 \\
&= 41{,}840\text{J}
\end{aligned}
$$

이제 두 수를 나누어보자.

$$158,992 \div 41,840 = 3.8$$

따라서 찬물 1kg당 뜨거운 물 3.8kg이 있어야 물을 데울 수 있다. 그렇다면 총 얼마의 물이 필요할까? 일반적인 욕조의 길이는 약 1.5m, 폭은 80cm, 깊이는 약 45cm다.

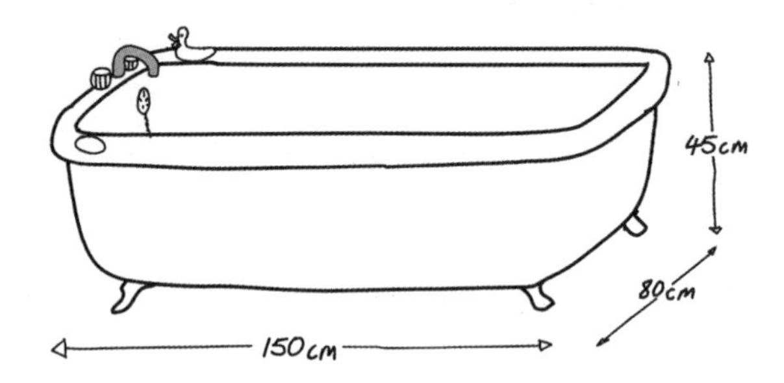

욕조를 직육면체로 보고 모든 단위를 cm로 통일한 뒤, 욕조 절반 깊이인 22.5cm까지 물을 채우면 물의 부피는 다음과 같다.

$$욕조\ 물의\ 부피 = 가로 \times 세로 \times 높이$$
$$= 150 \times 80 \times 22.5$$
$$= 270{,}000\text{cm}^3$$

물은 1g/cm^{3}라는 편리한 밀도를 갖고 있으므로, 욕조에 담길 물의 질량은 270,000g 또는 270kg이다. 이제 각 수도꼭지를 돌리자. 찬물 1kg마다 뜨거운 물 3.8kg이 필요하기 때문에 적당한 온도의 물을 얻으려면 총 4.8kg의 뜨거운 물과 찬물이 필요하다.

$$270 \div 4.8 = 56.25$$

따라서 찬물 56.25kg과 뜨거운 물 56.25×3.8=213.75kg이 필요하다. 다시 말해 찬물 56.25L와 뜨거운 물 213.75L가 있으면 완벽한 목욕을 즐길 수 있다.

열 올리기

인간의 체온은 하루 동안 다양하게 변하지만, 평균 온도는 약 37°C다(18장 참조). 하지만 체온은 신체 모든 부위가 똑같지는 않다. 몸의 중심부에서 멀리 떨어진 손발과 같은 사지는 몇 도 더 차가울 수 있다. 그래서 추운 날씨에 이 부위를 따뜻하게 유지하도록 양말과 장갑이 발명되었다.

뜨거운 목욕물에 들어가면 우리 몸은 중심부의 체온이 올라가지 않도록 반응한다. 사지의 혈관을 팽창시켜 뜨거운 피를 모두 차가운 부분으로 돌린다. 목욕 중에 홍조를 경험하거나 심지어 피부가 뜨겁다고 하는 사람이 많은 이유다. 그러면 혈관의 부피가 늘어나 혈압을 효과적으로 줄인다. 우리 몸의 혈액은 이 반응을 수용하기 위해 더 빨리 펌프질할 것이고, 욕조에 누워 있는 건 열량 소모 측면에서 사실상 산책을 하는 것과 같다.

혈류량이 늘어나면 또 다른 이점도 있다. 근육은 젖산이 쌓이면 피로감을 느끼는데, 혈액은 젖산을 운반하는 데 도움을 준다. 근육과 힘줄이나 인대 등의 결합조직은 따뜻할 때 더욱 탄력적이 되어 제대로 휴식을 취하는 기분을 안겨준다. 신경에서 오는 통증 신호가 열 신호와 혼동되면 소음 속에서 길을 잃게 된다. 한마디로 목욕이 효과적인 진통제가 된다는 뜻이다.

김이 모락모락 나면

목욕을 즐기는 동안 열전달은 계속된다. 뜨거운 물의 열에너지는 우리 몸과 욕조, 그리고 욕조 주변의 공기로 들어가 공기를 축축하게 만든다. 신체 중심부의 온도가 올라가면, 피부가 빨갛게 달아오를 뿐 아니라 몸에서 땀이 나기 시작한다.

땀을 흘리면 몸에서 나오는 열에너지가 땀을 데워 증발시키므로 체온이 낮아진다. 액체가 기체로 변하는 과정에 잠열(latent heat, 온도 변화 없이 물질의 상태가 바뀔 때 흡수되거나 방출되는 열.— 옮긴이)로 알려진 에너지 장벽이 있다. 기본적으로 충분한 에너지가 있어야 액체 속 분자가 액체에서 벗어나 기화할 수 있다. 분자들이 기화할 때 열에너지를 함께 갖고 간다.

땀은 또 다른 장점이 있다. 목욕을 즐기는 동안 심박 수가 올라가고 따뜻해지면, 몸은 우리가 지금 운동하고 있다고 판단해 이와 관련한 호르몬을 분비한다. 즐거움과 보상에 관여하는 도파민, 만족과 행복감에 관여하는 세로토닌이 뇌에서 분비되기 시작한다. 그러면 육체적으로도 따뜻해질 뿐만 아니라 정신적으로도 따스하고 몽롱해진다.

이제 꿈나라로 갈 시간

다음 장에서 확인하겠지만, 체온은 수면에 중요한 역할을 한다. 목욕을 마친 뒤 뜨거운 물과 김이 모락모락 나는 욕실을 나오면 체온이 떨어지기 시작한다. 체온이 떨어진다는 건 잠잘 준비를 하라는 우리 몸의 신호이므로 잠자리에 들기 직전에 하는 목욕은 이 과정에 시동을 걸 수 있다. 사실, 물을 기반으로 한 수동적 체온 높이기(과학자들이 부르는 전문 용어) 즉 자기 전에 즐기는 뜨거운 목욕이나 샤워(우리가 부르는 명칭)는 불면증과 같은 수면 장애가 있는 사람들을 돕는 아주 좋은 방법이다.

욕조가 허락하는 자연스러운 휴식, 생각할 공간 또는 마음을 여유롭게 떠돌게 하는 공간을 더한다면, 편안한 목욕이 스트레스받은 몸과 마음에 놀라운 효과를 발휘한다는 건 놀라운 일이 아니다. 로마인에서 일본인까지 누구나 뜨거운 목욕의 효과를 확신한다. 영국에는 심지어 배스Bath라는 도시도 있다!

아이스크림 다이어트

아이스크림 같은 찬 음식을 먹을 때는 몸에서 나오는 열이 그 음식을 데워야 한다. 어떤 사람이 아이스크림을 먹으면 1g당 약 2.5Cal를 섭취하지만, 배 속에서 아이스크림을 데울 때는 1g당 17cal가 소비된다고 계산했다. 다시 말해 아이스크림 1g을 먹을 때마다 순전히 14.5cal가 소비되는 것이다. 너무 좋아 믿기지 않는다!

그렇다. 대문자 C로 나타낸 열량 단위 Cal는 1,000cal를 뜻하는 kcal의 옛날식 표현이다. 따라서 제대로 계산하면 아이스크림 1g당 섭취한 열량은 2,500 - 17 = 2,483cal이다.

이러한 혼란을 피하고자 지금은 모든 음식을 kcal 단위로 표시한다.

18장

잠의 파도를 타고

잠을 푹 자는 게 최고다. 하지만 이 간단하고 자연스러운 과정은 놀랍도록 복잡하고 우리 대부분을 꼬박꼬박 교묘히 피해 간다. 이번 장에서는 잠의 파도 속으로 스르르 빠져들 수 있도록 맞춰야 하는 주기와 이를 실현하기 위해 무엇을 하고, 무엇을 하지 말아야 하는지를 수학적으로 살펴보자.

규칙적으로 반복되는 밤의 리듬

사람의 몸, 그리고 실제로 대다수 동식물의 몸에는 24시간 움직이는 자기만의 시계가 있다. 생체 리듬circadian rhythm으로 알려진 이 시계는 우리 몸이 언제 자고 언제 일어나야 하는지 알려준다. 생체 리듬은 매우 영리한 시스템이라, 우리가 덥든 춥든, 그리고 기나긴 여름 혹은 짧은 겨울을 보내든 우리의 수면 각성 주기를 조절할 수 있다.

생체 리듬을 지배하고 그 리듬에 지배되는 세 가지 주요 내부 요인이 있다. 물론 생체 리듬은 우리가 아직 완전히 이해하지 못하는 복잡한 피드백 루프feedback loop다. 우선 첫 번째 요인은 멜라토닌이라는 호르몬의 분비다. 기본적으로 우리 뇌는 어두울 때 멜라토닌을 만들어 취침 시간이 되었음을 신체에 알린다. 밝을 때는 멜라토닌이 전혀 만들어지지 않는다. 깨어 있는 시간이기 때문이다. 갓 태어난 아기는 이 반응을 정리하는 데 시간이 좀 걸리므로 밤잠을 익히는 데 더디다.

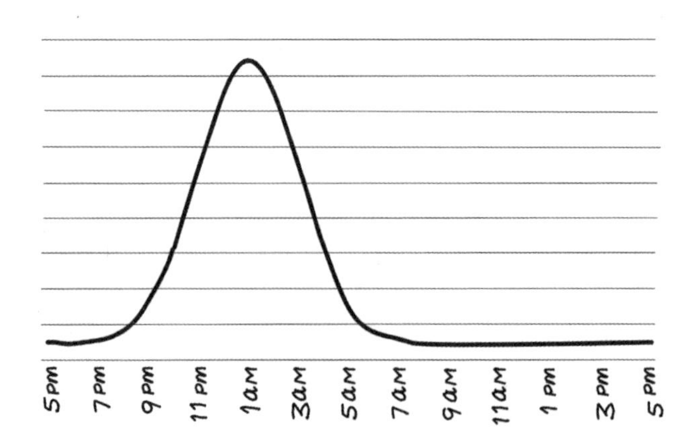

보다시피 멜라토닌은 오후 8시쯤부터 쌓이기 시작해 한밤중에 최고조에 이르고 오전 7시쯤 다시 낮은 수준으로 돌아온다. 그렇다면 우리 뇌는 어두울 때를 어떻게 알까?

어둠 속의 빛

우리 몸에서 빛을 감지하는 기관은 눈이다. 눈 뒤쪽에 있는 망막에는 주요 감광 세포 3개가 있다. 막대세포와 원뿔세포는 빛의 수준에 따라 색깔과 모양을 모두 볼 수 있게 해준다. 세 번째 세포는 1990년대에 들어서야 발견되었는데 감광 신경절 세포intrinsically photosensitive retinal ganglion cell라는 외우기 어려운 이름으로 불린다. 이 세포들은 시력에 직접적으로 이바지하지는 않지만, 빛을 감지하고 동공을 통제한다. 그리고 생체 시계를 작동시키는 뇌 일부와 바로 연결되어 있다.

연구에 따르면 감광 신경절 세포는 가시광선 스펙트럼 끝에 있는 청색에 가장 민감하다. 우리는 16장에서 푸른빛의 파장이 먼저 흩어지고 저녁에는 빛이 덜 파랗다는 사실을 알았다. 그래서 감광 신경절 세포는 빛을 더 적게 흡수하며 우리 뇌에 잠잘 준비를 해야 할 시간이라는 신호를 보낸다.

안타깝게도 요즘 사람들은 대부분 인공조명으로 자연광을 연장한다. 어둠이 내리면 거리와 집에 불을 밝힐 뿐 아니라 텔레비전과 컴퓨터, 스마트폰 화면까지 본다. 이 모든 인공조명이 푸른빛을 발산하며 아직 잘 시간이 아니라고 뇌에 알려준다. 다행히도, 최근 전자 기기들은 대부분 푸른빛을 줄이는 야간 모드가 있어 우리의 생체 시계가 혼란을 겪지 않도록 화면을 설정할 수 있다.

또한 순식간에 동쪽이나 서쪽으로 멀리 이동하면 생체 리듬이 깨질 수 있다. 장거리 여행은 그 자체로 피곤하지만, 잠을 잘 준비가 된 곳에 도착했어도 밝은 해가 중천에 떠 있는 낮에 공항을 나서면 생체 리듬을 완전히 잃어버릴 수 있다. 이른바 시차증이라 불리는 이 증상은 보통 동쪽으로 여행할 때 더 심해진다. 동쪽으로 여행하면 하루를 줄이는 데 효과적이지만, 사람들 대부분은 예상보다 일찍 잠들기 어렵기 때문이다. 서쪽으로 여행하면 하루가 더 늘어난다. 만약 오랫동안 깨어 있는 데 능숙하다면, 늦게까지 깨어 있다가 생체 리듬을 다시 맞출 수 있다. 이러한 상황에서는, 화면에서 나오는 푸른빛이 사실상 도움이 될 수 있으므로 의자에 앉아

깜빡 졸기보다는 기내 영화를 보면 어떨까.

아늑하게 잠자기

사람의 평균 체온은 약 37°C다. 체온은 사람마다, 그리고 매일 조금씩 다르고, 하루 중에도 다양하게 변한다. 기계와 살짝 비슷한 감이 있지만, 우리 몸은 활동적인 낮에 따뜻해져야 하고, 휴식을 취하는 밤에 더 시원해져야 한다. 따라서 우리의 체온은 다음과 같이 변화한다.

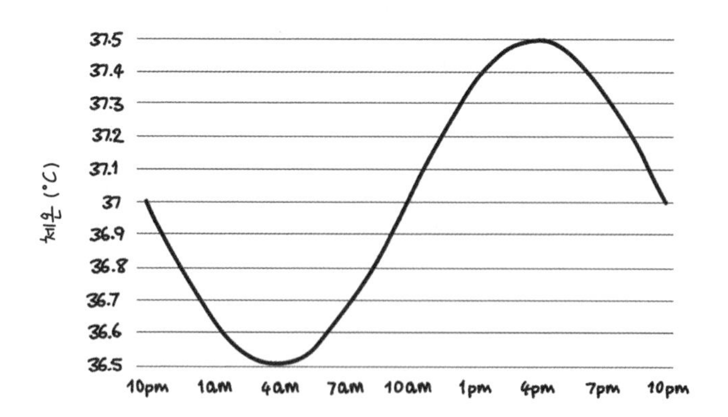

사람의 체온은 새벽 4시경에 가장 낮고, 약 12시간 후에 가장 높이 올라간다. 체온 변화는 생체 리듬에 속한다. 그래서 밤중에 급격히 떨어지는 체온은 사망 신호이므로 저녁 목욕이나 샤워로 도움을 받으면 된다(17장 참조). 그 반대 효과도 작용한다. 아침에 찬물로 샤워를 하면 몸이 스스로 따뜻해지므로 아침 시간 동안 상승하는 체온 프로파일과 일치한다.

따라서 아무도 썰렁한 침대로 들어가는 걸 좋아하지 않지만, 밤사이 으슬으슬 추워도 체온이 제 할 일을 하게 될 것이다.

관심 스트레스

생체 리듬을 지배하는 세 번째 요인은 스테로이드 호르몬인 코르티솔이다. 코르티솔은 왕왕 스트레스 호르몬으로 불리며, 아드레날린과 함께 투쟁-도피 반응의 일부로 분비된다. 코르티솔이 분비되면 혈당 수치에 영향을 주며 하루 동안 우리 몸에 연료를 공급한다. 코르티솔은 격렬한 운동을 하는 동안에도 분비된다.

웃음은 최고의 명약

이 말이 늘 맞는 건 아니지만, 심한 질병이나 부상을 경험한 경우 웃음이 코르티솔 수치를 낮추는 건 분명하다. 웃으면 엔도르핀이 분비된다. 엔도르핀은 행복감을 주는 호르몬으로, 천연 진통제인 데다 코르티솔 생성을 억제한다. 웃음은 너도나도 스트레스를 줄이는 데 도움을 주는 만큼 마음을 졸이는 긴장감을 느낀다면 저녁 드라마 대신 시트콤을 시청하자.

코르티솔 수치는 낮 동안 자연적인 패턴을 따른다. 즉, 아침에는 수치가 높다가 시간이 흐를수록 점점 줄어든다.

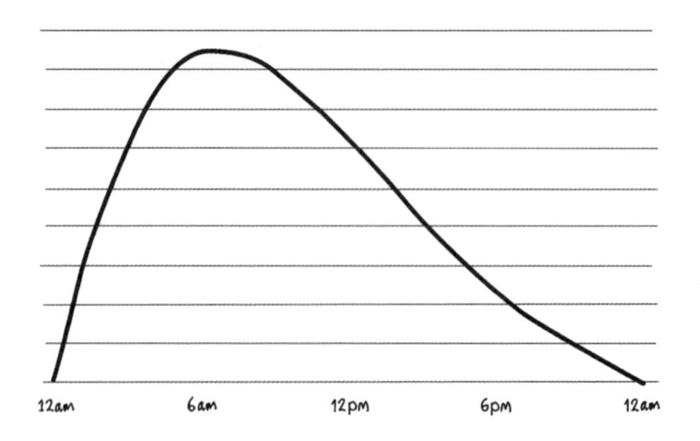

이 수치는 전형적인 수렵 채집인에게 딱 들어맞는다. 코르티솔 수치는 자정 무렵부터 늘어나기 시작해 깨어날 때 효과적인 수준에 도달한다. 그래서 오전 8시경에 절정에 달했다가 점점 작아진다. 검치호랑이를 맞닥뜨렸거나 매머드 사냥과 같은 스트레스 상황에서 수치가 일시적으로 급상승하지만, 상황이 종료되면 일정 시간을 거쳐 자연스럽게 정상 수준으로 돌아올 것이다.

우리는 분명 수렵 채집 생활 방식을 따를 리 없고, 꼬박꼬박 투쟁-도피 반응을 보이지도 않을 것이다. 그 대신, 현대 생활의 증상인 스트레스를 많든 적든 경험하게 될 것이다. 스트레스를 받으면 코르티솔이 분비되어 코르티솔 곡선을 방해하므로 긴장을 풀고 잠을 청할 수도 없거니와 일찍 일어난 후에도 다시 잠을 잘 수 없게 된다.

잠자고 꿈꿀 수 있는 기회

지금까지 살펴본 바에 따르면 우리 몸은 어두울 때 잠들 수 있도록 진화한 게 분명하다. 물론 그 이유를 완전히 확신하는 사람은 없다. 이론에 따르면 밤에는 시력이 약해진다거나, 우리 몸이 에너지를 절약하려고 노력한다거나, 뇌 가동을 중지해 수리 및 업그레이드 시간이 필요하다는 등 다양한 이유가 있다. 다만 알려진 사실은 잠을 빼앗긴 동물들은 잘 지내지 못한다는 것이다. 수면 부족으로 면역 체계가 약해지면 결국 죽는다.

깰 수 없는 기록

오랜 시간 깨어 있는 사람들에 관한 몇몇 사례가 기록으로 남아 있다. 1964년, 17세의 미국인 랜디 가드너는 수면 부족 연구를 위해 11일 동안 잠을 자지 않은 채 깨어 있었다. 그는 언어 장애, 주의력 결핍, 환각을 경험하기도 했다. 알려진 바에 따르면 가드너의 기록은 흔들의자 마라톤(가장 오랫동안 흔들의자에 앉아 깨어 있는 사람이 우승하는 대회.—옮긴이)에 참가한 영국 여성 모린 웨스턴에게 추월당했다. 웨스턴은 14.5일이라는 새로운 기록을 세웠지만, 기네스북은 웨스턴의 위험한 기록을 깨려는 사람들의 도전을 막으려고 더는 기록을 남기지 않는다.

수학자의 도움말

부디 이 책을 읽으며 즐거웠고, 수학이 삶을 좀 더 쉽게 헤쳐나가는 데 어떤 도움을 주는지 이해했기를 바란다.

만약 자동차나 기차, 로켓의 움직임에 관한 내용이 재밌었다면, 시종일관 뛰어난 유머로 궁극의 호기심을 자극하는 랜들 먼로의《아주 위험한 과학책》을 추천한다. 또는 내가 집필한《세상을 이해하는 아름다운 수학 공식》을 읽어봐도 좋다. 이 책 역시 궁극의 호기심을 자극하지만, 엉뚱한 질문을 명쾌한 수학으로 해결하는 방법에 초점을 맞추고 있다.

수학자나 과학자의 공헌을 다룬 책 속 토막글을 즐겼다면, 다른 수학 역사책들보다 훨씬 접근하기 쉬운 콜린 베버리지의《한 권으로 이해하는 수학의 세계》를 즐길 수 있을 것이다. 아니면 또 내가 집필한《0에서 무한까지》도 도움이 될 것이다. 이 책은 시대별로 읽을 수 있는 수학 이야기를 다루고 있다.

무엇보다도, 이 시대에 널리 스며들고 심지어 유행하고 있는 수학 불안증이 곳곳에 퍼지지 않도록 여러분이 막을 수 있다면 좋겠다. 아이들은 어른들이 얼마나 수학에 젬병인지 토로할 때, 심지어 익살을 떨며 공언하는 것을 보거나 들을 때, 수학을 포기해도 괜찮을 거라 여긴다. 게다가 태어날 때부터 수학에 재능이 있거나 아예 없다는 고정된 사고방식이 조성되기도 하는데, 이것은 절대 사실이 아니다.

따라서 학령기 자녀를 둔 부모라면, 아이들의 교육에 더욱 열심히 관여할수록, 자녀가 수학 불안증의 희생양이 될 가능성이 더 적다. 만약 "얘야, 네 공부는 네가 해야지. 난 수포자야"라는 말 대신, 자녀와 함께 수학을 공부하며 "나도 어떻게 해결해야 할지 모르겠네. 하지만 우리가 힘을 합치면 해법을 찾을 수 있을지도 몰라"와 같은 말로 성장형 사고방식을 발동한다면, 아이들은 매우 긍정적인 마음으로 강제적이지만 매혹적인 수학을 즐길 수 있을 것이다.

수학은 중요하다.

감사의 글

이 책은 여러 번 수정을 거쳐 독자 여러분의 두 손에 들리게 되었다. 이 프로젝트를 시작하게 해준 조 스탠설에게 매우 감사드린다. 이 책의 최종본이 세상의 빛을 볼 수 있었던 건 가브리엘라 네메스의 세심한 지도와 격려, 헌신적인 노력 덕분이다. 개비, 고마워요!

훌륭한 삽화와 도표가 있어 이 책이 훨씬 빛날 수 있었다. 정말 서툴고 부정확하게 깔짝거린 내 흔적들을 끊임없이 수정하고 멋지게 다듬어 예술 작품으로 바꿔준 닐 윌리엄스의 공로는 진정 인정받을 만하다. 정말 감사해요, 닐.

자판을 두드리는 긴 시간 동안 내 반려견들은 무조건 내 편이 되어주었다. 넘치는 체온을 선사하며 집사의 산책 시간을 깨우쳐준 본사이와 마블에게 고마운 마음을 전한다.

끝으로, 내 삶에 없어서는 안 될 아내 모라그에게 무한한 감사를 드린다.

딱 하루만
수학자의
뇌로 산다면

초판 1쇄 인쇄 2023년 8월 10일
초판 1쇄 발행 2023년 8월 23일

지은이 크리스 워링
옮긴이 고유경
펴낸이 이승현

출판2 본부장 박태근
지적인 독자 팀장 송두나
편집 박은경
교정교열 장미향
디자인 조은덕

펴낸곳 ㈜위즈덤하우스 **출판등록** 2000년 5월 23일 제13-1071호
주소 서울특별시 마포구 양화로 19 합정오피스빌딩 17층
전화 02) 2179-5600 **홈페이지** www.wisdomhouse.co.kr

ISBN 979-11-6812-689-3 03410